# HOW TO READ
# BRIDGES

# 橋の形を読み解く

橋の構造や用途を理解するための実用的な入門書

エドワード・デニソン
イアン・スチュアート 著

桑平 幸子 訳

# 目次

はじめに.................................6

## 第1章:
### 橋を理解する.................14

### 材料.................................16
石材／木材／有機材料／煉瓦／鉄／
鋼鉄／コンクリート／ガラス

### 橋の様式.........................34
桁橋／アーチ橋／トラス橋／可動橋／
片持ち梁橋／吊橋／斜張橋／
ハイブリッド橋／

### 橋の用途.........................68
歩道橋／水道橋／道路橋／
鉄道橋／軍橋

### 技術者たち.....................80
イザムバード・キングダム・ブルネル／
ジョン・A・ローブリング／
ロベール・マイヤール／
サンティアゴ・カラトラバ／
ギュスターヴ・エッフェル／
ベンジャミン・ベイカー

## 第2章:
### ケーススタディ.................94

### 桁橋.................................96
安平橋／ブリタニア橋／テイ鉄道橋／
ポンチャトレイン湖高速道路橋／
チェサピーク・ベイ・ブリッジ／メトラク橋

### アーチ橋.......................110
アルカンタラ橋／趙州橋(別名：安済橋)／
盧溝橋／悪魔の橋／ヴェッキオ橋／
パルトニー橋／マイダンヘッド鉄道橋／
プルガステル橋／ザルギナトーベル橋／
シドニー・ハーバーブリッジ／
ニューリバーゴージ橋／ブロークランズ橋／
朝天門長江大橋

### トラス橋.......................138
カフナン橋／ビュソー・シュル・クルーズ／
ハウラ橋／キングストン・ラインクリフ橋／
アストリア-メグラー橋／港大橋／
生月大橋／ローマ広場歩道橋

## 可動橋 ..................156
バートン旋回水道橋／
タワーブリッジ／ミドルズブラ運搬橋／
ミシガン・アヴェニュー・ブリッジ／
コリントス運河橋／エラスムス橋／
ゲーツヘッド・ミレニアム橋／
ザ・ローリング・ブリッジ／
ギュスターヴ・フローベール橋／
ダービー大聖堂橋

## 片持ち梁橋 ..................178
フォース鉄道橋／ケベック橋／
モントローズ橋／ストーリー橋／
ロンドン橋／コモドア・バリー橋／
ヴァイレ・フィヨルド橋

## 吊橋 ..................194
メナイ海峡吊橋／クリフトン吊橋／
ジョン・A・ロープリング吊橋／
ブルックリン橋／ジョージ・ワシントン橋／
ゴールデンゲート・ブリッジ／
ライオンズゲート・ブリッジ／
ヴェラザノ・ナローズ・ブリッジ／
ハンバー橋／青馬大橋／グレートベルト橋／
明石海峡大橋／四渡河大橋

## 斜張橋 ..................222
スカルンスンド橋／ノルマンディー橋／
ヴァスゴ・ダ・ガマ橋／ミヨー高架橋／
ハリラオス・トリクピス
(リオン・アンティリオン) 橋／
蘇通大橋／杭州湾海上大橋／
ストーンカッターズ橋(昂船洲大橋)／
青島膠州湾大橋

## 付録
用語解説 ..................244
参考資料 ..................249
索引 ..................252

# はじめに

　ことわざにもあるように、「必要は発明の母」である。架橋工事において、この自明の理は究極の存在理由（レゾンデートル）である。人類が単純に川を渡って新しい牧草地へ到達する必要のあった太古の時代から、地球規模の貿易、通信のために川や海を渡る無数の橋や複合架橋システムに依存する現代まで、新しい橋の必要性がつねに新しいアイデアを生み出す源となっている。

　橋は人類が世界中に広がる重大な役割を果たしてきた。わたしたちの祖先の原始的な要求を満たすために橋が造られた創世記以来、橋は集落、町、都市、国の発展を明確にする一助となってきた。領土紛争の結果は多くの場合橋の支配に左右された。歴史を振り返れば、交易の発達は安全に川を渡れるかどうかにかかっていた。現代では、都市の拡大や、時には国家間の関係さえもが橋に左右される。ヴェニスやローマといった古代都市が橋なくしては繁栄できなかったように、河川を横断しないニューヨーク、ロンドンのような世界最大都市を想像することはできない。

　ここ数十年間、橋の設計と建設は驚異的な発展を遂げてきた。工学、材料技術、建築技術の知識が向上し、よりよい通信手段を求める人類の飽くなき欲求を絶えず満たすに伴い、橋の世界最長、主塔高度最高、架橋高度最高、最大交通量、最重量記録は繰り返し更新されてきた。今日では、設計、工学の最新技術を駆使して海を超えて国々を結ぶ巨大な橋や、古都に新しい路線や胸躍る道を作り出す小さな橋を新設している。

　技術者たちにとって、橋は自分たちの技術を最も刺激的に明確に示す手段の一つである。普通の人々は橋の存在をたいていは当然のものと考えている。中には

その大きさや形によって畏怖の念を抱かせる橋もあれば、年代物であるがゆえに見る者に感傷を抱かせる橋もあるが、多くの橋はただ便利だとか実用的であるという以上に敬意を払って見てはもらえない。しかし、世に名高い橋から、見るからに無名の物まで、橋を読み解くことができれば、これらの建築物すべてに命が吹きこまれるだろう。

　本書では、2章に分けて橋を読み解く。第1章ではまず基礎から始め、歴史を通じて橋の建築に用いられた材料を調べ、さまざまな種類の橋の様式を検討し、多様な用途を理解し、橋梁設計の代名詞ともいえる著名な技術者の名前を多数紹介する。第2章では橋の様式別に分類した一連のケーススタディを通して、世界中から幅広く選んださまざまな橋を調査する。各ケーススタディを読めば橋の構造が理解でき、際立った特徴を読みとることができる。

　目に見える構造や、なぜその方法で建築したのか、なぜその材料を用いたのかという理由がわかれば、好奇心が刺激されて、一般の人々の目は、周囲のいたるところに見受けられる、人類の発明した独自分野へと開かれる。最も交通量の多い都市の中心部から人里離れた山道まで、すべての橋にはそれぞれの歴史がある——その意味を読み解く者がいるかぎり。

# 手がかりを探して

**構造形態**
Structural form
ニューヨークのジョージ・ワシントン・ブリッジのタワーには、最初は石造のサイディングを施す予定だった。しかしむき出しの構造形態のほうがより魅力的で経済的だという考えから、サイディングをせずに現在に至っている。

　現代の建築環境では、橋はむき出しの構造形態である点で他にあまり類を見ない。控え壁、アーチ形、橋脚を備えた古い石造りや煉瓦造りの建築物は、興味深く見る者がその構造を高く評価し、いかに耐久性があるかを直感的に理解できるように素直に視覚に訴えた。しかし、現代の建築材料が進歩するにつれて、鉄製、コンクリート製、木製の建築物は一般に、建築物の芸術的な特徴を生み出す一方で基礎構造を隠すサイディング材で覆われている。

　最近200年間で材料が進歩するにつれて、橋も同じく急速に発達しているが、一般にはサイディングをする必要はない。したがってこうした建築物は依然として工学と建築をもっとも正確に組み合わせた作品の1つであり、構造形態を観察して理解する絶好の好機を与えてくれる。

### 筋かいの方向 Direction of bracing

単純な幾何学模様は、建築物が荷重を支柱へ戻す方向に大胆に方向転換できる。トラス桁構造では、筋かいが支間（スパン）の中心に向かって下向きに傾斜すると引張荷重がかかる。上向きに傾斜すると圧縮荷重がかかるため、座屈力に対抗するためには断面積をより大きくする必要がある。しかし、上図の通り、片持ち梁構造はこうした法則を覆すことができる。

### 継目 Joints

継目を確認のこと。これらは連続桁ではなく単純桁を、桁橋やアーチ橋ではなく片持ち梁橋を表すことができる。また継目を見れば、たいていは現場以外で組み立てられた部材を用いて、どのように橋が建築されたかがわかる。

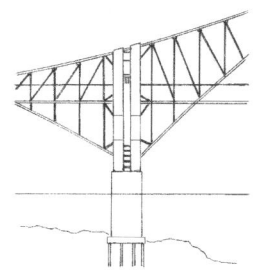
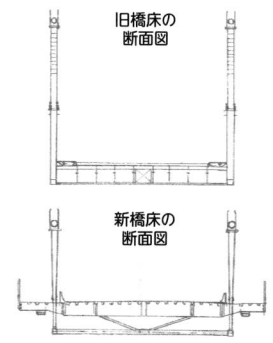

### 埋設基礎 Hidden foundations

さまざまなアーチ形を詳しく調べれば、基礎がどのように機能しているか見当がつく。上路アーチ橋には推力の垂直方向成分と水平方向成分の両方に対抗する基礎が必要である。タイドアーチ橋は橋床を利用して引張力を起こすため、水平力はほとんど基礎に伝わらない。上部構造を観察して理解すれば、目に見えない基礎についてかなり多くのことがわかる。

### 信頼性 Authenticity

すべての橋にとってメンテナンスは重要な問題である。橋の寿命が続くかぎり部品の交換や修理を行なわなければならない。同様に、古い橋の多くは用途の変化やその能力に対する需要の増加に適応する必要がある。橋床を現代的に変える橋もあれば、構造を理解しつつ再建する場合もある。橋の発展を探る手がかりとなる建築当初にはない要素を探してみよう。

# 未来の橋

　長年にわたり、架橋設計の基本的概念の多くは依然として同じであるが、この200年は橋梁建築における革命を目の当たりにしてきた。新しい材料や技術が登場し、設計者や技術者の経験が蓄積されて専門技術が向上したことにより、以前よりも長く、より効率的で、より安全な橋を建築できるようになってきた。

　橋梁建築は21世紀へと続く成長期を謳歌してきた。近年、様式や用途を問わず、あらゆる種類の橋において、最長、主塔高度最高、架橋高度最高の世界記録が繰り返し更新されてきた。記録破りの橋の建築が拡大する原因は、一つには専門技

術の改良や、設計者や技術者が利用できる技術的工具に、一つには現代的なインフラを建設して国を発展させる必要性に起因する。

　架橋建築の未来は、設計者や技術者が確立した知識の限界を追求し続ける比類なき可能性の一つである。短期的には、従来技術が向上して、より長く、より効率的な橋を建築する一方で、長期的には、現代では鉄やコンクリートがその役割を果たしたように、新しい材料や技術によって、架橋設計を同じく激変させるまったく新しい建築様式が必ず生まれるだろう。

### 第3のフォース橋、スコットランド
Third Forth Bridge

この新しい橋の設計は斜張橋と連続桁橋の混成構造である。道路面は3つのA形構造の斜張パイロンとコンクリート製橋脚の組み合わせでフォース湾を横断する予定である。斜張部分によって2ヵ所の高架状の主要航行水路と2ヵ所の側支間が生まれ、橋脚は海岸線から斜張部分へ緩やかに傾斜する進入路を支える。A形のパイロンは扇形に広がる両側の2組のケーブルを支える。これらのケーブルは両側の道路面に連結する。

# 未来の橋

### メッシーナ海峡大橋 Messina Strait Bridge

シチリア島とイタリア本土を隔てるメッシーナ海峡に橋を建設する計画は古代ローマ時代まで遡り、現代でも衰えることはない。19世紀後半から20世紀前半には本格的に研究されたが結果的には実を結ばず、やがて1950年代にその計画にふたたび関心が寄せられたことにより1960年代にコンペが行われたが不首尾に終った。橋の建築計画は1990年代にようやく国の承認を受け、2006年には世界最長、最高の橋を建築する設計図が描かれた。この計画は一度白紙に戻ったが、2009年に復活した。近未来は依然として不確実だが、メッシーナ海峡の架橋建築計画が消失することはなく、ついに実現すれば、架橋建築の歴史における画期的な出来事となるだろう。

### 歴史的な未来の橋
Historic future bridge

建築が予定されているメッシーナ海峡の吊橋には主塔間の単一支間が3,292mあり、これは現在最長記録を保持する明石海峡大橋（p.218-219参照）よりも60％長い。吊りケーブルに十分な傾斜と、船の航行に必要な65mの空間を作り出すためには、主塔の高さは400m必要で、現在最高記録を保持するミヨー橋（p.230-231参照）を40m以上上回る。6車線の車両用道路、2本の鉄道線路、2本の歩行者専用通路、1車線の緊急車両用道路で構成される幅60mの橋床を支えるために直径1.5mの2組のケーブルが必要である。

## 第3のフォース橋 The Third Forth Bridge

　スコットランドのフォース湾は記録破りの橋の設計に慣れている。フォース湾に架かる最初のフォース橋は鉄道橋だった（p.181参照）。1890年に開通し、世界最長の片持ち梁構造で、世界初の完全鉄製の巨大な橋だった。第2のフォース橋は車両専用道路として開通した1964年当時、米国以外で建築された最長の吊橋だった（p.35、p.56参照）。しかし、半世紀を超えた主要ケーブルの老朽化によって橋が劣化したため、代わりとなる新しい橋が設計された。工事完了は2016年の予定である。

# PART ONE 第1章 橋を理解する

# MATERIALS
## 材料

　歴史を通して世界中で、架橋建築は驚くほど多くの材料に依存してきた。木や石のように何千年も耐久性のある材料もあれば、竹、木の根、つる植物のように、その土地特有の材料もあり、特殊な加工が必要な材料もある。時代を4千年以上遡れば、窯焼き煉瓦は後世の架橋建築に用いられた建築材料の最初の一例だった。

　最近200年間で、架橋建築は現代的な材料や製造工程によって劇的に変化してきた。鉄、鋼鉄、コンクリート、そして強化ガラスによって橋の設計は変容し、さらに長距離の橋を架け、より斬新で効率的で安全な建築物を設計する人類の能力は向上してきた。

　そうした技術発展に貢献してきたのは橋を構成する基本的材料ではなく、二

次的材料である。石灰モルタルは石の接着剤として使用され、鉄製の釘は木造の橋を強化し、鉄製の蟻継ぎが石同士を固定した。多くの現代的な橋はコンクリートと鉄の結合し相補する特性に依存している。鉄筋コンクリート、プレストレストコンクリート（PC）、ポストテンション式鉄筋コンクリートを問わず、鋼鉄の張力特性がコンクリートの圧縮特性を高める。

架橋設計の発達は最終的には橋の安全性、有効性、効率性を実現する材料に左右される。材料技術や複合材料の改良が今後も進めば、架橋設計における未来の可能性はほぼ無限に広がっている。

### 不朽の木材
Enduring wood

中国の廣西トン族自治区にある程陽風雨橋は1916年に建築された。5つの楼閣と多数のテラスのある精巧な橋床は木造建築で、3本の橋脚は石造で、屋根は陶器の瓦で覆われている。

# 石材

　石材は古代の架橋建築材料であり最も耐久性が良い。圧縮力よりも引張力に弱いが、その耐久性と強度のために石材は橋に特に適している。石橋は石材を（橋脚として）垂直に、またはアーチ形に配置して石材の圧縮強度を活用している。古代の橋やごく小さな橋など、石材の引張強度を利用する橋もあり、そこでは1枚の石板が小川や、川を横切る一連の柱の上に渡されている。

**地域の架け橋**
Bridging communities

ボスニア・ヘルツェゴヴィナのモスタルにある古い橋（スタリ・モスト）は幅4m、高さ20mの太鼓橋で、オスマン帝国当時最も有名な建築家の一人スィナンの門下生、ミマール・ハイルッディンによって1566年に建築された。この橋は何世紀もの間ネレトバ川両岸の地域を結んでいたが、ボスニア・ヘルツェゴヴィナ紛争中の1993年に破壊された。そして2004年に忠実に再建されて再開した。

### 天然の石造アーチ (右図)
Natural stone arches

世界最古の石橋は、世界中の海岸線や岩盤がむき出しの地域で、侵食によるアーチ形として自然に造られる。ユタ州のアーチズ国立公園にはこのような天然の不思議なアーチ形が2,000以上もあり、一番有名な物は高さ約16mのデリケート・アーチである。こうした天然のアーチ形が古代文明に影響を与え、石材の可能性を証明してきたのだろう。

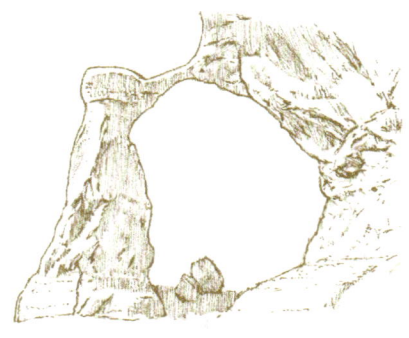

### 石桁 (左図) Stone beams

最も単純な石橋は、張力特性を活用して1本の桁として石材を用いている。両端の支持体間の距離が伸びると、必然的に石の厚みは増す。理論上は単純だが、石桁橋の精巧な技術は、個々の石材の重量が200トン以上もある中国の橋から、英国の小さな大板石橋までさまざまである。

### 石造装飾 Stone ornament

重要な装飾的儀式や冠婚葬祭が行なわれ、精巧に彫刻した石細工で装飾を施した古代ローマの凱旋橋のように、石材の彫刻特性は装飾的な橋に活かされている。

# 木材

## 空飛ぶ軒
### Flying eaves

中国の廣西トン族自治区にある程陽風雨橋は、1916年にすべて木材で建築された。この橋は空飛ぶ軒として有名な建築方法を用い、特徴のある伝統的な中国の屋根と同じ工法で、幾重にも重なる梁が荷重を支えている。多層の楼閣が、この全長64m、幅3mの屋根つき歩道橋の各部分を支える5本の石造橋脚上にそびえている。

　木材は架橋建築の理想的な材料である—豊富にあり軽量で、比較的安く、加工しやすいうえに非常に用途が広い。したがって木橋は世界中に見られ、装飾的で優美な歩道橋から実用的で堅固な巨大鉄道橋まで、形や大きさもさまざまである。木材は構造上使い勝手がよいため圧縮荷重や引張荷重をかけて使用でき、複雑な形やデザインに簡単に加工することもできる。

### 木製のトラス橋(右図)
Wooden trusses

アメリカで最初の屋根つき木橋は1805年にペンシルヴェニア州スクルキル川に建築された。屋根がつく前の橋を描いたこの版画は、2ヵ所の石造橋脚間に架かるアーチ形の外観を備えた木製トラスによって橋床が建築されている様子を表している。

### 木造アーチ形 Wooden arches

日本の錦川に架かる錦帯橋の5連の細長いアーチ形(各アーチは全長約35m、幅約5m)は1673年に建築された。最初は完全な木造だったその複雑な構造は大洪水に耐えるように設計されている。この橋は1953年に再建された。

### 古くからの伝統 Ancient traditions

中国福建省に千年以上前に建築された全長98mの万安橋は木材の潜在的耐久性を証明している。この地域は屋根つきの木造歩道橋が多数あることで有名で、いずれの橋も石造橋脚が支持する木造桁で作られた弓形アーチで構成されている。

21

# 有機材料

**現代のつる植物**
Modern vines
現在、日本の徳島県の人里離れた祖谷渓谷には全長約45m、幅2mの3つの橋が架かっている。

　大きな川に橋を架ける最古の方法の1つに、倒木を両岸へ渡す方法があった。この方法には、たとえば峡谷の幅が広すぎる、または橋に適した木がないなどの限界があった。ある地域では、おおい茂る森のひさしから垂れ下がるつる植物や草木を用いるといった、他の方法で自然が手助けしてくれることもある。やがて木材以外の有機材料を巧みに使ったより精巧な方法が橋の建築に開発されていった。

### つる植物（右図）Vines

何世紀もの間、祖谷渓谷を渡る唯一の手段は、川の上14mにつる植物で架けられた吊橋（かずら橋）だった。最初に橋が架けられたのは12世紀で、追っ手を逃れた武士たちが簡単につる植物を切断して敵の追跡を阻めるように造られた。3つの橋はいずれも定期的に架け替えられているが、現在では鋼線で補強されている。

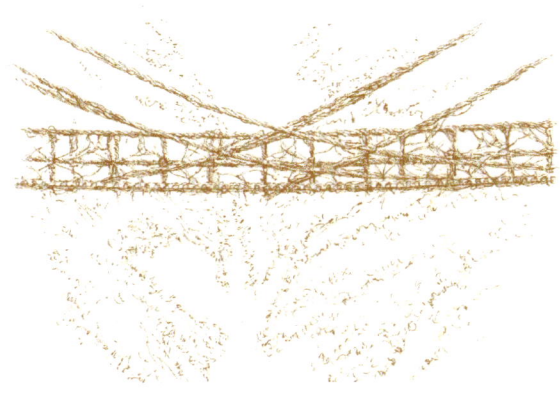

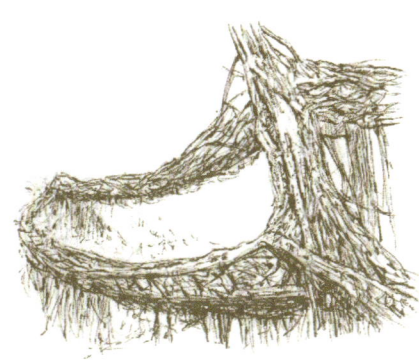

### 植物の根（左図）Roots

インド北東部のジャングル奥地では、地元の人々が自生のイチジクの木（インドゴムの木）で橋を架ける独自の方法を考案した。木を切り倒す代わりに、木の枝から空中に伸びる根を巧みに用いて、川の向こう岸に伸ばして年月が経つごとに強くなる生きた吊橋を造りだした。橋床には石を敷き、二階建てにして二重の吊橋とすることもあった。

### 竹 Bamboo

アジアでは何千年もの間、竹を使って橋を建築してきた。竹の持つ高い圧縮力と引張力、柔軟性、軽さは比較的軽い荷重を支える浮き橋や吊橋には最適である。世界最長の竹製の吊橋は中国四川省に架けられており、全長約200mに達する。現在では竹は加工材料として、車両通行可能な橋の建築に使用されている。

# 煉瓦

## 古代の煉瓦
Ancient brick

最初の日干し煉瓦は6,000年前のメソポタミアで製造された。17世紀には当時の最新技術である窯焼き煉瓦が、現代のイラン近郊にある世界最古で最長の煉瓦橋の1つ、33個のアーチ形を備えたスィー・オ・セ・ポル橋の建築に用いられた。イスファハーンの町のザーヤンデ川に架かる全長294mの橋は、中央に石造りの車両用橋床があり、その両側には屋根つきの歩行者専用通路があって、66個のアーチ形の壁で隔てられている（下段のアーチ1つの上に2つのアーチがある）

煉瓦は何千年もの間製造され、架橋建築に用いられる最古の建材の一例である。最古の煉瓦は、温暖な気候で泥、粘土、または同様の原材料を均一な塊に造って乾燥させた。悪天候に耐える煉瓦の製造は特殊な材料や窯で煉瓦を焼く専門技術を利用し、約4,000年前の中国の古都西安で最初に記録された。数世紀後、古代ローマ人が同じ技術を用い、彼らの没落後、その技術は中世後期まで北欧で埋もれていた。

### 壮大な建築物 Massive structures
ドイツ南東部のゲルシュタール高架橋は煉瓦の多様な用途を表す傑作の1つである。全長500m以上、一番高い場所で高さ約100mのこの多層アーチ形の高架橋は1851年に開通し、現代の高速列車を支え続けている。

### 再建された煉瓦 Reconstructed brick
アフガニスタンの町ヘラート郊外に架かるマーラーン橋は22個のアーチ形のある古い煉瓦造りの橋で、その起源は12世紀に遡ると言われている。何度も洪水をくぐりぬけた橋の煉瓦は地元の伝説で称賛されたが、近代戦争に屈したために近年頑丈に再建された。

### 煉瓦様式 Brick styling
煉瓦は英国ヴィクトリア朝時代に好まれた材料で、オックスフォードシアのクリフトン・ハンプデン橋（1867年）を設計したジョージ・ギルバート・スコット卿ほど華麗に煉瓦を用いた建築家はいなかった。スコットがゴシック建築様式を好んだことは、ロンドンのセント・パンクラス駅前に建つミッドランドホテルの設計が好例で、橋の6つの尖頭アーチ形によく表れている。

25

# 鉄

　橋に鉄を最初に用いたのは中国人で、吊り鎖を生み出す鉄の輪を製作した。15世紀に地元の歴史家たちがその事実を文書に記録しており、その後マルコ・ポーロなどのヨーロッパの旅人たちがこれらの先駆的な吊橋の精巧さに驚嘆した。イングランドのコールブルックデールに世界初の鋳鉄製の橋が架けられた18世紀後半まで、こうした架橋建築に鉄を応用することなど考えられもしなかった。産業革命を通じて鉄は、後に鋼鉄にその座を奪われるまで一般的な建築材料となった。

## 鋳 鉄 (右図) Cast iron

19世紀中に鉄が橋梁建築を変えた。1805年に開通した全長304m、幅約3.5m、高さ38mのポントカサルテの水道橋はヴィクトリア朝時代の技術者トーマス・テルフォードにより設計された。鋳鉄製プレートで作られた水路は18個のアーチ形で支持され、それぞれ4つの鋳鉄製の横梁で形成され、補強用外側プレートが各石造橋脚の橋渡しをしている。

## 鉄 橋 (左写真)
## Iron Bridge

イングランドのセヴァーン川に架かる橋ほど有名な鉄橋はなく、その名のアイアンブリッジも材料に由来する。鉄を世に知らしめる役割を果たしたその革命的な橋は、トーマス・ファーノルズ・プリチャードによる設計で、溶鉱炉付近から3ヵ月以上も継続して生産された約417トンもの鉄を使用した。巨大な鋳鉄部材は1つずつ川沿いの現場へ運ばれ、アーチ形の太鼓橋を構成する場所へ吊り上げられて1781年1月1日に開通した。

## 装飾的な鉄
## Decorative iron

産業化が進むと、構造上効果的であり、さらに非常に装飾的でもある同一の建築部材を、より簡単により安価に製造できるようになった。鋳造過程で精巧な形や模様が生まれ、それらが瞬く間に鉄橋や鋼橋の特徴となった。

# 鋼 鉄

**タイン川に架かる橋**
Bridging the Tyne
ニューカッスル市とゲーツヘッド市を結ぶタイン橋の建築には7,700トン以上の鋼鉄が使用された。設計者はモット、ヘイ&アンダーソン。道路面が吊り下げられる場所からリベットで固定した、鋼鉄製平板で製作した鋼鉄製アーチ形の径間（スパン）は161mである。1928年ジョージ5世による開通時には英国最長のシングルスパンの橋だった。

近代製鋼時代の幕開けは、19世紀後半に架橋建築が発展する重要な転換期となった。鉄に比べて鋼鉄の引張強度、圧縮強度が優れているため、金属架橋の性能と建築技術は向上した。1883年のブルックリン橋のように、初期の近代吊橋建築に押出成形した鋼線が使用され、全長約1kmのフォース鉄道橋を含むその他の記録破りの橋は何千もの部材を現場で連結して建築された。

**鋼鉄製アーチ橋** Steel arch
ニュージャージー州キルヴァンカル海峡の海上50mに約500m以上の径間と道路面が架かる、1931年完成のベイヨン橋は1978年までは世界最大の鋼鉄製アーチ橋だった。このアーチ形は40の直線鋼鉄で形成されている。同じ様式の橋とはちがい、装飾的な石造橋台はない。

**鋼鉄製トラス橋** Steel truss
イングランドのマンチェスターにあるブリニントン鉄道橋は現代的な鋼鉄製トラス橋で、一般的な架橋材料である鋼鉄の耐久性の高さを証明している。個々のトラス部は橋の上弦と橋床を形成する、プレハブ工法の鋼桁にリベットで固定されている。

# コンクリート

**プレハブ工法**
Prefabrication
PCの利点は工期の短縮と、プレハブ工法で部品を組み立てて建築現場に移送することによるコスト削減である。主要支間が約135mの、ニュージャージー州にある新ヴィクトリー橋（2005年）はPCを使用することで、米国最長のプレキャスト片持ち梁橋となり、1年以上の工期と何百万ドルもの経費を削減した。

1849年、フランス人造園家ジョセフ・モニエは植木鉢を造るコンクリートに鉄鋼を用いた時、基礎発明を偶然発見した。鉄の引張強度とコンクリートの圧縮強度を組み合わせることで、一般に強化コンクリートとして知られる鉄筋コンクリートはそれ以来建築業界に革命を起こした。鉄筋コンクリートにはたわみや亀裂が生じる特性があるため、性能を高めるために20世紀初期にはプレストレストコンクリート（PC）が発明され、それにより各部分の奥行きを、その結果重量を増やさずに、支間を延長できるようになった。

## ポストテンション式コンクリート(右図)
Post-tensioned concrete

ポストテンション法はプレストレス法と同様の原理である。引張力を増大させる可能性のある建築物の一部に圧縮力を誘発することでコンクリートの貫通力を高める別の方法である。プレストレス法とはちがって、ポストテンション法はコンクリートを成形し固めた後で行われる。ケーシングスリーブ内の鋼鉄製テンドンを部材の中に設置するのは、現場でコンクリートを注入する前か、またはプレハブ部材の場合、個々の部材が所定の位置に持ち上げられるときである。次にコンクリートに圧力をかけながらしっかりと引張すると、テンドンは固定される。

## 細長い橋(下図) Slimline

PCの建築上の特徴は比較的少量の材料を用いて巨大な建築物を建築できることである。ドイツのヴィルデ・ゲーラ峡谷に架かる、径間が252mの細長い外観のアーチ橋は標準的な鉄筋コンクリートを使用していれば実現していなかっただろう。

## プレストレストコンクリート (PC) Prestressed concrete

コンクリートに圧縮応力を与える工法は材料の貫通力を高める1つの方法である。テンドンと呼ばれる圧縮応力を与えた鋼鉄製ケーブルの周囲にコンクリートを流し込む。コンクリートが固まると、テンドンとコンクリートの間が結合する。硬化後、コンクリートに圧縮を加えながらテンドンの両端を解放する。テンドンはたいてい単一径間の底部のような引張力が増大する場所に設置される。

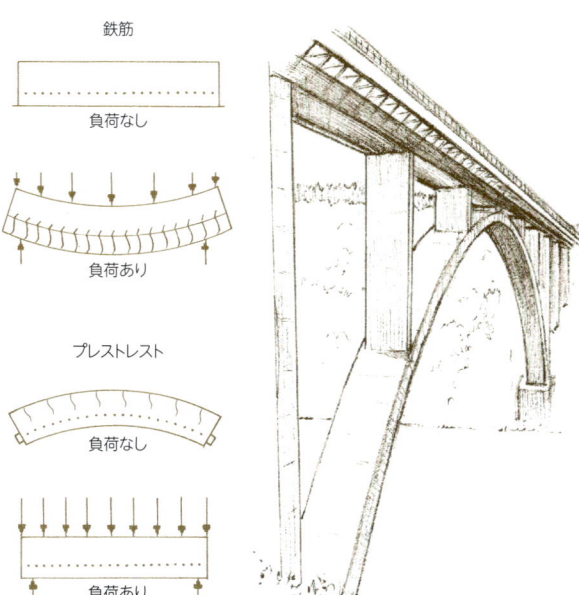

31

# ガラス

**革命的なガラス**
Revolutionary glass
ロンドンのグランドユニオン運河に架かる歩道橋は、直径3.5mのガラスチューブと長さ7.5mのステンレススチールのらせん形を組み合わせて機能的な橋と芸術作品を生み出している。船の通過時にはらせんが回転して橋が収縮する。

　ガラスは架橋建築に使用される材料の中で最も刺激的な材料の1つである。現代のガラス製造技術のおかげで、比較的最近まで橋にガラスを使用できなかった数々の問題を克服できるようになった。今日ではいかなる形や大きさの強化ガラスでもほぼ製造することができる。ガラスは機能的で安全であり、なおかつ頑丈で激しい摩損や風化にも耐えられる。ガラスには並外れた圧縮強度があるが、架橋設計に応用する場合はたいてい、構造上の完全性を追求して鉄骨フレームなどの他の材料に依存している。この点はガラスの性能が向上すればほぼ確実に変化し、完全にガラスだけで橋を建築できるようになるだろう。

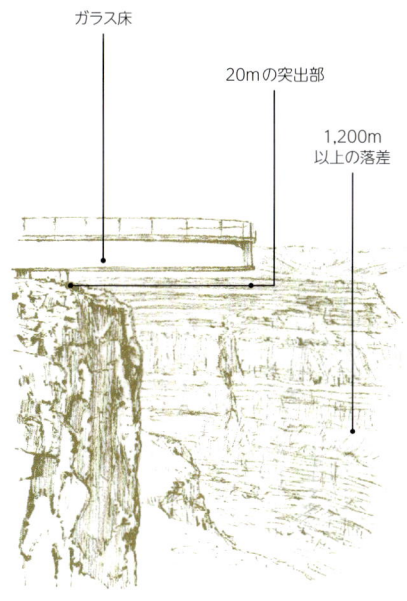

ガラス床

20mの突出部

1,200m以上の落差

### 透明性(上図と右図) Transparency

ガラスの明確な利点はその透明性である。遮るもののない足元の景色を楽しめる快感に匹敵するものはそう多くはない。長年高層建築物に強化ガラスが設置されてきたが、世界中のどこを探してもグランドキャニオンの上に架かる蹄鉄型の片持ち梁橋のガラス床とは比べ物にならない。落差1,200m以上のガラスと鋼鉄の橋によって世界最高地点の人工建築物からの眺めが楽しめる。

### インテリアデザイン
Interior design

ガラス製の橋は、特に商業地区やオフィス空間、公共建築物などでも現代インテリアデザインの一般的な特徴になりつつある。1997年にはロンドンのサイエンス・ミュージアムにあるチャレンジ・オブ・マテリアルズ・ギャラリーに太さ0.08㎝の鋼線で吊られたガラス製の橋が設置された。

# BRIDGE TYPES
# 橋の様式

　年代や材料に関わらず、すべての橋はその様式によって類別することができる。橋の4つの基本様式は、桁橋、アーチ橋、片持ち梁橋、吊橋である。これら一連の様式は架橋建築の発展において似通った時系列を表している。最も基本的な橋の様式は桁橋で、川に丸太を渡すような単純なものでもよい。アーチ橋の建築には構造的な洞察力が必要で、片持ち梁橋の建築は工学技術をさらに踏みこんで評価できるかどうかに左右される。吊橋の基本例はあるものの、最新式吊橋の支間は最大となり、多くは最高難易度の建築物である。

　その他の様式の橋はこれら4つの基本設計の応用である。たとえば斜張橋

は吊橋と片持ち梁橋の進化形で、各ケーブルはハンガーロープを通じて橋床から主塔上に架かる2本の主要ケーブルにかかる荷重を支持する代わりに、主塔に接続されて直接橋床に固定される。

　一方、トラス橋と可動橋は、トラス部で構成されるか、可動式であるかという構造形態において4つの基本様式のいずれか（または組み合わせ）を採用できる。複数の様式を組み合わせた設計の橋も多く、そうした橋はハイブリッド橋と呼ばれることが多い。

### 古くて新しい
Old and new

フォース道路橋（1964年）は建設中に最新のケーブルスピンニング方式を採用したヨーロッパで最初の橋であり、約3万km以上ものワイヤを使用している。その背後に建つのは片持ち梁橋のフォース鉄道橋（1890年）である。

# 桁橋

**箱桁** Box girders
桁の一変化形に箱桁があり、中空で長方形の断面により強度が増している。ブラジルにある全長約13km、幅約72mのリオ・ニテロイ橋 (1974年) の建築にPC製の箱桁が使用されている。

　もっとも単純な形状の桁橋は両端を支えた水平の橋床だが、さまざまな様式が数多くある。桁橋は垂直のせん断力、水平の引張力と圧縮力を生む垂直荷重に耐える必要があり、片側だけに荷重がかかると桁橋全体にねじれ力がかかる。垂直のせん断力は支持体間で分配される。1本の桁の支間能力は、その断面図の桁高と支持体間の距離の比率 (桁高スパン比率) により直観的に明らかになる——各端部の支持体間の距離が広すぎると、桁の生み出す力が弱くて、荷重に十分に耐えられない恐れがある。

### 基本の桁橋 Basic beams

もっとも単純な桁橋のイラストであり、人間が用いたおそらく最初の例は川に架かる倒木だろう。ここでは桁は木の幹であり、川の土手が両端を支えている。

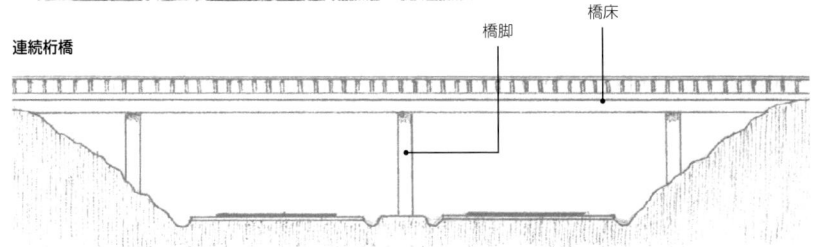

**連続桁橋**

橋脚 / 橋床

### 連続桁(上図) Continuous beam

単純支持支間橋に代わるのは連続桁橋で、多数の橋脚上で支える単一桁を用いる。連続桁の利点は、桁がより効率的に機能するように橋脚上にある桁の断面頂部に引張力をかけることで、桁高を低く抑えられる点にある。

### 単純桁(下図) Simply supported beams

支持体間の個々の桁で構成される橋は単純支持支間橋として知られる。これは、多数の支持体と多数の支間が繰り返されるが、桁は支持体の頂部上にある連続部材ではないことを意味する。単純桁は支間全体がわずか1本の桁長、または可動継目が必要な複数の支間を要する場所で用いられる。

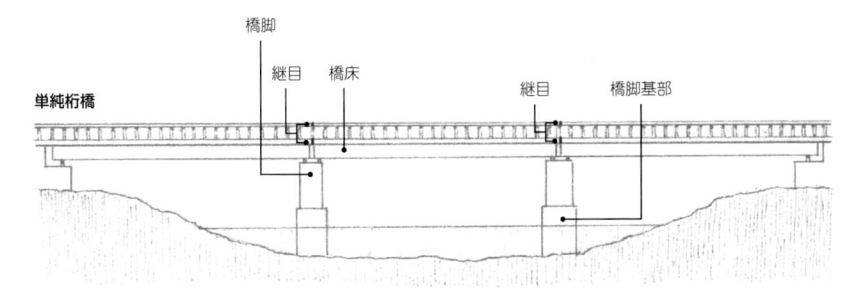

**単純桁橋**

橋脚 / 継目 / 橋床 / 継目 / 橋脚基部

# BRIDGE TYPES 桁橋

### 石桁 Stone beams

現代のように工学や材料が発達する以前は、長距離に架かる桁橋には隙間なく並べた橋脚上に多数の桁を敷き詰めて支えていた。

中国泉州で西暦1060年に建築された洛陽橋は全長1km以上あり、46本の石造橋脚が切り出された巨大な花崗岩を支えている。

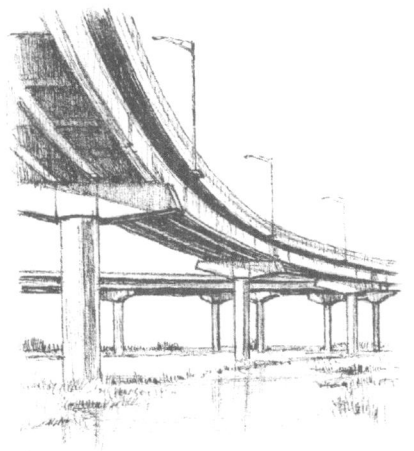

### 荷重を分散させる(左図)
Spreading the load

この従来の高速橋に示すように、一連の平行な桁にわたって荷重を分散させることで、重量が橋床に不均一にかかるときに発生する恐れのあるねじれを克服しやすくなる。ここでは橋床にかかる荷重を、各橋脚で連結した4本の等間隔に配置した鋼桁で支持し、各橋脚は荷重を1本の支柱に伝達し、橋の衝撃を地表面で最小限に抑えている。

### 洛陽橋の桁(右図)
Luoyang bridge beams

中には長さ20mもの桁があり、桁の自重をも支えるために必要な厚さのせいで、各桁の重量が220トンになるのは確実で、極めて非効率な比率である。幅約5mの各支間には8本の桁が必要となるため、洛陽橋は46本の流線形の石造橋脚を結ぶ350以上ものこうした巨大な石桁で建築された。

### 巨大な桁(左図) Mega beams

両端を橋脚が支える桁の基本原則は無限に反復できることであり、非常に長い橋には桁橋が最適である。2010年に完成した全長約165kmの世界最長となる丹陽-昆山特大橋が桁橋であることは当然である。何百ものPC製の桁が多数の橋脚上に敷かれている。

# アーチ橋

## 力の方向
Line of forces

アーチ橋ではかかる垂直力が圧縮されてアーチ形を通って橋台へ移動し、橋台はこれらの力に垂直反応と水平反応で対抗する。伝統的なアーチ形の石橋では、各ブロックは迫石と呼ばれ、頂点の石は要石と呼ばれる。この石がアーチ形を所定の位置に固定し、確実に垂直力を横方向の力へと移行させる。

アーチ形は本来非常に強い構造である。自然環境でアーチ形が生まれたのは実際よりも以前に遡り、それに触発された人間が再現しようとしているのは確かである。こうした試みが最初は石材で行なわれ、やがて木材、煉瓦、鉄、鋼鉄、PCなどの多くの他の材料が用いられてきた。アーチ形はその曲線を介して垂直荷重を、橋台として知られる両端部の支持体に伝える働きがあり、橋台が荷重を地面に消散させる。橋にはさまざまな方法でアーチ形が用いられている──アーチ形の頂部に橋床がある橋や、アーチ形の下に橋床を吊る橋、また橋床がアーチ形を貫通する橋もある。

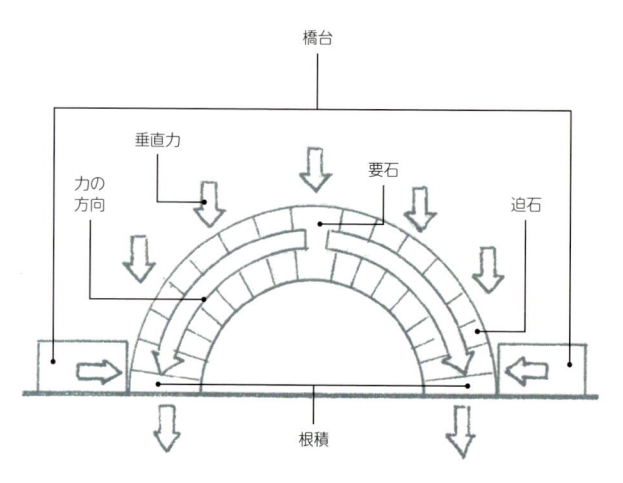

## 古代のアーチ形
Ancient arches

アーチ形の最も単純な様式は墓などの古代の石造建築物に見られ、互いに対角に配置された2つの巨大な石によってその下の開口部の両側へと荷重が移動する。

## 中路アーチ橋(下の写真)
Half-through arches

中国上海の盧浦大橋（2003年）は黄浦江に架かる箱型鋼鉄製アーチ橋である。約550mの径間を備え、世界第2位の長さを誇る。橋は筋かいで連結した2本の巨大な鉄骨アーチで構成され、アーチから橋の橋床が鋼線で吊られている。橋床が橋台の上でアーチ形と交差しているため、中路アーチとして知られている。

# アーチ橋

**上路アーチ橋**

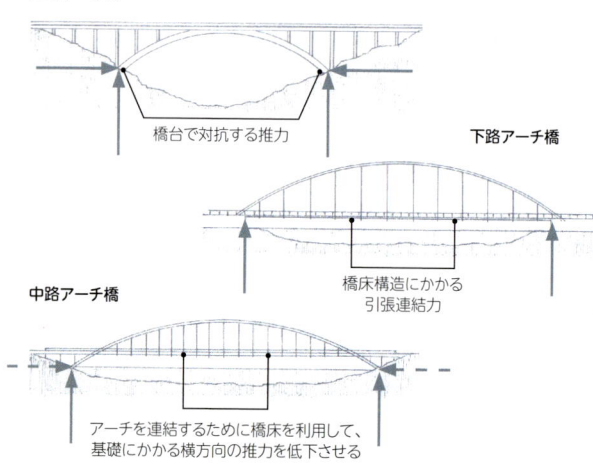

橋台で対抗する推力

**下路アーチ橋**

橋床構造にかかる引張連結力

**中路アーチ橋**

アーチを連結するために橋床を利用して、基礎にかかる横方向の推力を低下させる

### アーチ形の種類(左図)
Arch types

シングルスパンのアーチ橋は昔から交通の往来にアーチ形の上を上り下りさせていた。近年では中路アーチ橋、上路アーチ橋、下路アーチ橋などのさまざまな種類のアーチ橋が水平の橋床を保ち、吊り下げられた橋床が橋台でアーチ形と交差している(p.110〜111参照)

### 鉄骨アーチ(右の写真)
Steel arch

現代の建築材料や建築技術によってアーチ橋はますます細長くなってきた。アリゾナ州ルーズベルト湖に架かる中路アーチ橋(1990年)の細いラインは、現代的な橋が風光明媚な場所で建築されるといかに景色に溶けこむことができるかを示す好例である。

オープン・スパンドレル

### スパンドレル（上図）
Spandrels

いかなる橋も本体重量（自重）によって崩壊する恐れがあるため、重量削減が設計時の重要な留意事項である場合が多い。アーチ外側の曲線である外輪間の空間に穴を設けることで、橋台が自重を減らすだけでなく、洪水の水が穴を通り、水に対する橋の抵抗を減らす。こうした実用的な隙間はオープン・スパンドレルと呼ばれ、南ウェールズのポンティプリーズ橋に見られる（上図参照）。

### 上路アーチ（上の写真）
Deck arch

橋の橋床を上で支えるアーチ形は上路アーチ橋と呼ばれる。セントルイスのミシシッピー川に架かるイーズ橋は道路橋および鉄道橋であり、1874年の開通当時、世界最長の上路アーチ橋だった。上路アーチ橋にかかる荷重は下にあるアーチ形によって、この橋の場合はさらにアーチ間にある橋脚によって支えられている。

# トラス橋

**伝統的なトラス**
The classic truss
鉄道橋の多くはトラス橋の伝統的なイメージに固執している。コロラド川に架かるこの橋はトラスの構造幾何学—垂直の支柱と水平の弦材の間にある対角部材が形成する三角部—の好例である。

トラス橋は現代架橋設計の最古の形状の1つである。多数の種類のトラスがあるが、建築物としていずれのトラスも三角形本来の強度を利用している。トラス内の直線部材は、トラスにかかる強力な力に左右されながら、圧縮、引張、またはその両方の組み合わせ（同時にではない）の影響を受ける。圧縮部材は座屈効果に抵抗するために一般的には断面図がより大きい。トラスは比較的小さな材料を用いて非常に優れた強度重量比を有するため、非常に効率的な構造である。トラスは桁橋、アーチ橋、片持ち梁橋などあらゆる種類の建築物に使用できる。

**木製トラス**

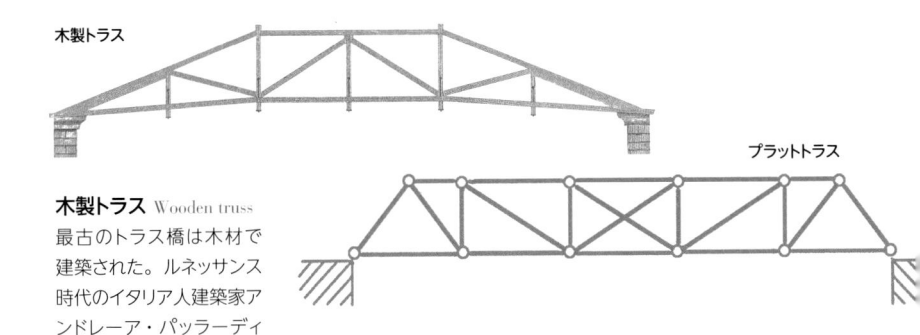

### 木製トラス Wooden truss
最古のトラス橋は木材で建築された。ルネッサンス時代のイタリア人建築家アンドレーア・パッラーディオ (1508-1580年) によるこの設計はトラスの三角形幾何学を例示している。橋は3ヵ所に分割されて、そのうちの2つの傾斜した三角形アプローチを、橋台付近の一端と、橋の水平中央部を支える他端が支えている。

**プラットトラス**

### プラットトラス Low Pratt truss
橋の中央へ斜線が傾斜するこの特殊な形状はプラットトラスと呼ばれ、1844年に父ケイレブ、息子トーマスのプラット父子によって考案された。

### 連続トラス Continuous truss
トラス橋の建築には垂直、水平、対角に部材を連続して用いて建築され、連続構造枠組みを形成するものもある。南ウェールズのクラムリン高架橋 (1857年) は橋の橋床と支持鉄塔の両構造に連続トラスを使用した。この橋は1967年に解体された。

45

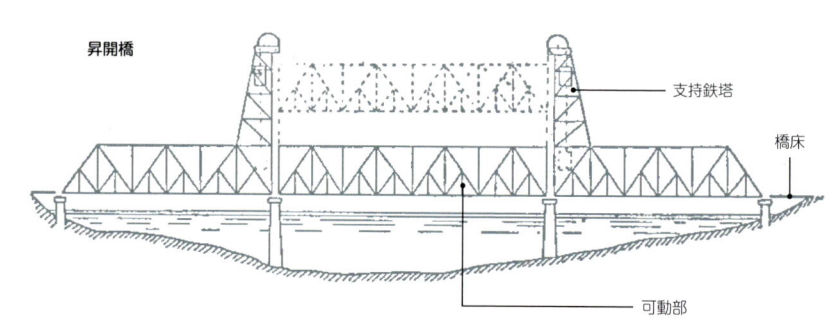

# BRIDGE TYPES トラス橋

**昇開橋**

支持鉄塔

橋床

可動部

**移動荷重**（上図）Moving loads
トラスは移動荷重に優れた耐性があるため可動橋に好適である。重荷重が橋の支間上を移動する昇開橋の場合、トラスはその全長のどの場所でも荷重を支持することができ、両側の支持鉄塔上に荷重を伝える。

**多種多様なトラス**（下図）Hybrid trusses
一本の橋にさまざまなトラス様式が用いられる場合も多い。オハイオ川に架かる最初のケンタッキー＆インディアナターミナル橋（1886年）には、長さ約1kmの支間の全体にわたり、木材や鋼鉄で建築したアーチ形トラス、桁トラス、片持ち梁トラスを含む多数のさまざまなトラス様式が用いられた。

**レンズ形トラス** Lenticular truss

上弦と下弦が作り出す特徴のあるレンズ形のためにその名がついたレンズ形トラスは、イザムバード・キングダム・ブルネルによってロイヤル・アルバート橋（1859年）の設計に用いられた。各トラスは圧縮状態にある1本の管状鉄の上弦と、引張状態にある2本の鉄鎖の下弦で構成され、風荷重に耐える十字筋かいが設けられている。その下には鉄道橋床が吊り下がっている。橋脚上に水平力を伝えるアーチ形とはちがって、レンズ形トラスは単純に橋脚上で支えられる。

**格子形（ラティス）トラス** Lattice truss

ラティストラスは、より大きく頑丈な水平部材の間に一連の斜材を格子状に並べて使用する。この例は、橋脚上で支持えられた大型の桁を各ラティストラス部が形成すれば、トラスを桁としても解釈できることを示している。斜材が荷重を支持体へ戻すとどのように大型化するかに注目されたい。

# 可動橋

## 回転式跳ね橋
Rolling bascule

最も一般的な可動橋は跳ね橋であり、シーソーと同じ原理で動く。ノルマンディーの有名なペガサス橋（1934年、1994年）は回転式跳ね橋だが、橋床上の回転軸で開くのではなく、橋全体が回転して開く。

　橋は楽に通行できるように設計されるが、障害物—またはより深刻な存在になる恐れもある。水上の道路橋は車には好都合だが船舶には制限を与え、引き上げ損ねた城の跳ね橋は生死にかかわる重大問題を引き起こしただろう。可動橋は橋の耐久性に関わる問題を克服できるように設計される。空中へ上昇する橋から水中へ沈む橋まで、また傾斜する橋から巻き上げ式の橋まで、あらゆる状況に適したさまざまな可動橋がある。あらゆる種類の橋と同じく、可動橋の設計も新規材料が利用可能となるにつれて発展してきた。

### 巻き上げ橋 Curling

一時的な橋は、前進または退却する兵士たちが敵の追跡を防ぐという軍事状況下でよく用いられる。広げて川に架けたり、巻き上げて運んだりできるこの16世紀の例のように、こうした橋は軽量で持ち運びが簡単である。

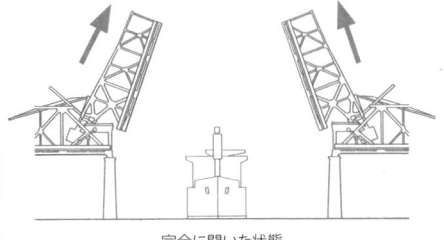

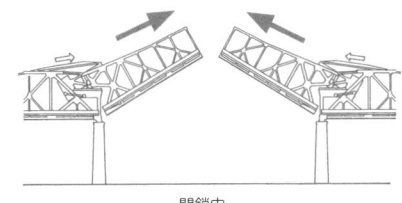

完全に開いた状態

閉鎖中

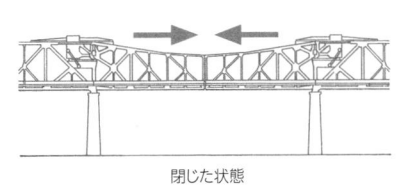

閉じた状態

### 跳ね橋 Drawbridge

最も有名な可動橋には中世ヨーロッパの古城で有名になった跳ね橋がある。跳ね橋は橋床の最端部に取り付けた格納式のロープや金属製の鎖を用いて開閉する。より楽に開閉するためにしばしば釣り合いおもりを利用した。

### 跳開橋 Bascule

跳開橋の橋床または「跳ね板」は、跳開エネルギーを効率的に迅速に行なう釣り合いおもりを利用して跳ね上がる。跳開橋には「跳ね板」が1枚のものと2枚のものがある。2枚の可動部が中央で接する跳開橋は二葉跳開橋として知られる。トラス部の頂部や隠れた後部支間に設置した釣り合いおもりを下げると、橋の跳ね板が上昇する。

49

# 可動橋

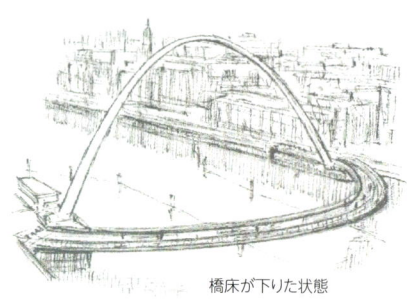

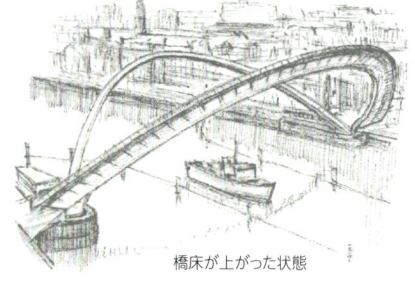

橋床が下りた状態

橋床が上がった状態

**傾斜橋**(上図) Tilt

傾斜橋は両端で回転するが、この動作に有益な効果をもたせるためには、橋床は曲線を描く必要があり、その用途は歩行者・自転車に限定される。ゲーツヘッドにあるミレニアム橋の場合、閉鎖状態で橋床を支えるアーチ形は橋床の上昇時には下方へ回転し、おもりの役割を果たしている。橋床上昇時には、橋床はアーチ形なしで状態を維持できる。

**垂直昇開橋**(下の写真) Vertical lift

進入路と平行を保つために、橋の中央橋床が垂直に上昇する橋は垂直昇開橋と呼ばれる。橋床は支間の両端にある2つの塔の上または支間下の油圧ジャッキによって上昇する。垂直昇開橋は跳開橋よりも優れた強度重量比を有するため、より重い荷重を運搬できる。

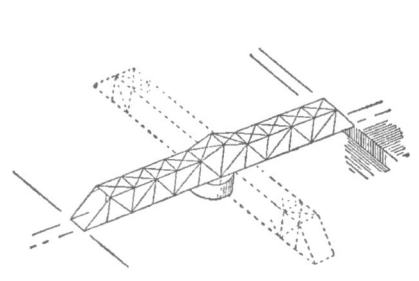

**旋回橋** Swing
旋回橋は支間中央の中央旋回軸により回転する。釣り合いおもりは不要なため、橋は比較的軽量でもよいが、旋回軸となる中央橋脚は狭い水路では不便な障害物となる恐れがある。

**折畳み橋** Folding
橋を格納する別の方法はコンサーティーナのような折りたたみ式である。可動部が比較的ぜい弱な性質であるため、この方法は各部が重過ぎず、可動部に多大な圧力がかからない小型の橋に適している。

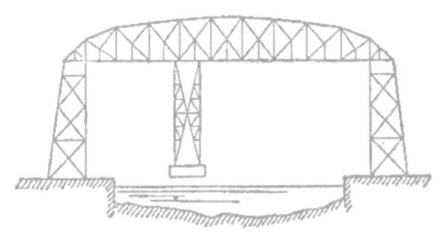

**運搬橋** Transporter
支間を横断して橋床部を運搬する橋は運搬橋として知られる。たいていは橋の両端で2本の橋脚上で支えられた高架建築物からケーブルで橋床を吊り下げて操作する。通称ゴンドラという橋床は、鋼鉄製ケーブルと滑車の機械化システムを利用して片側から反対側へ移動する。

**降開橋** Submersible
降開橋は水中に沈んで船を通過させる可動橋の珍しい様式である。船体の大部分は水中ではなく水上にあるため、水中に沈む降開橋は水上に上昇する昇開橋ほど長い距離を移動する必要がない。

# 片持ち梁橋

### アーチ橋か
### 片持ち梁橋か?
Arch or cantilever?
ロンドンのこのウォンズワース橋のように、片持ち梁橋は2つの片持ち梁アームが円弧を描く場合が多く、アーチ橋と見まちがえる恐れがある。この橋は橋脚上に位置する2つの片持ち梁部で構成される。支間の中央に可動継目がちょうど見える。

　片持ち梁(カンチレバー)とは直立した支持体から一方へ突出する構造である。その構造がT字形を形成するように両方向に伸びれば、平衡片持ち梁(バランスドカンチレバー)となる。橋梁設計では、平衡する建築物の2ヵ所を片持ち梁アームとアンカーアームと呼ぶ。架橋建築ではさまざまな種類の片持ち梁が多数用いられ、特に中には片持ち梁のアームの形状が弧を描きアーチ形のように見えるため、判別が難しい場合も多い。アーチ形と片持ち梁を判別するもっとも簡単な方法は2つの片持ち梁間の接合部を確認することであり、片持ち梁橋は継目が支間の中央部か中央付近にあるのに対して、アーチ橋は2つのアーチ間の継目が橋脚にある。

建築中のナイアガラ片持ち梁橋

完成した橋

## ナイアガラ片持ち梁橋の建築
Niagara cantilever construction

片持ち梁橋の建築は後方でアンカーアームを固定しているため比較的容易であり、片持ち梁アームを橋脚から徐々に建築して主要支間を形成することができる。この橋は下からの一時的な支えが不要なので深い峡谷や往来の盛んな川の上で使用するには理想的な方法である。ナイアガラの滝での建築と設計に関するこれらの図は橋脚から片持ち梁アームが伸長する工程を示している。完成した橋は頂部で橋床を支える1組の平衡片持ち梁で構成される。

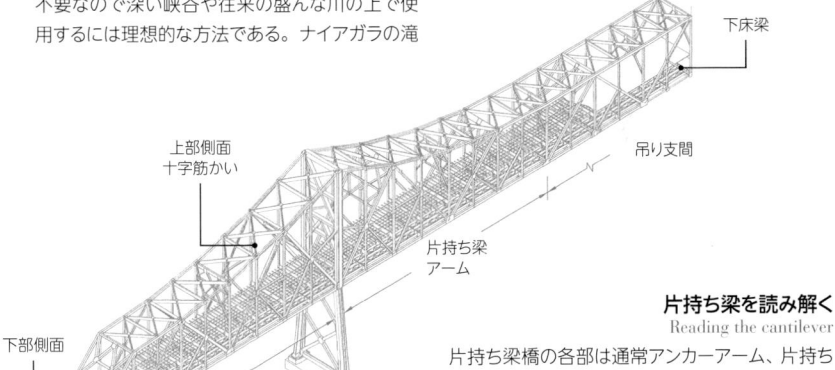

下床梁

上部側面
十字筋かい

吊り支間

片持ち梁
アーム

下部側面

アンカー
アーム

## 片持ち梁を読み解く
Reading the cantilever

片持ち梁橋の各部は通常アンカーアーム、片持ち梁アーム、吊り支間の3つの区分で表される。アンカーアームを固定する橋脚は揚圧力に対抗する。片持ち梁が平衡する橋脚は圧縮力に対抗する。上弦は引張状態に、下弦は圧縮状態にあり、対角部材は荷重を支持体へ戻す。

# 片持ち梁橋

**オークランド・ベイ・ブリッジ** Oakland Bay Bridge

ベイ・ブリッジとしても有名な二層式(ダブルデッキ)のオークランド・ベイ・ブリッジ(1936年)の東側支間はカリフォルニア州のサンフランシスコ湾に架かる。この橋は大中小の一連のトラススパンで構成される。最大のトラススパンは全長430mで、2つの大型の平衡片持ち梁で形成されている。2013年には架け替えられる予定である。

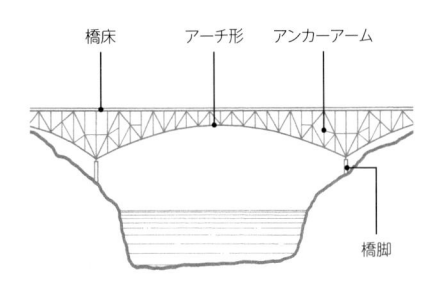

橋床　アーチ形　アンカーアーム

橋脚

### 平衡片持ち梁 Balanced cantilever
2つの片持ち梁アームの下側に形成されるアーチ形の外観は、橋がアーチ形として機能していないために誤解を招いている。アーチ形を通して橋台へ荷重が伝わる代わりに、平衡片持ち梁構造の荷重は橋脚へ伝わる。主要支間の下方へ働く力は進入路の橋脚に固着されるアンカーアームが対抗する。

### 伸長する支間 Extending the span
片持ち梁橋の中央支間はしばしば各片持ち梁アームの間に吊り部分を挿入することで伸長される。この古びた写真では中央に座る人物が両側の片持ち梁によって支えられる吊り支間を表している。木製の柱が圧縮時の下弦を表し、男性たちの腕が引張時の上弦を表している。片持ち梁が内側に倒れないように上下両方の弦は両端でしっかりと固定されている。

片持ち梁トラススパン

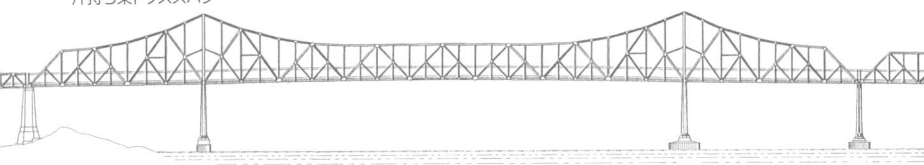

### 片持ち梁トラス Cantilever truss
片持ち梁橋は一般にトラス橋である。支持体上の構造をさらに強化すると、吊り桁として機能する中央部分を備えた片持ち梁となる。2つの平衡片持ち梁を互いに隣接して配置すると、それらの支持橋脚の間に大きな支間が生まれる。オークランド・ベイ・ブリッジはこの片持ち梁橋設計方法の好例であり、片持ち梁アームが伸長して主要支間の半分を形成し、橋脚に取り付けたアンカーアームでしっかりと固定されている。

55

# 吊橋

**ケーブル** The cable
現代の吊橋の主要ケーブルは単一ケーブルで構成され、吊橋全体を往復して架線する。スコットランドにあるフォース道路橋（1964年）の吊ケーブルの製造には約3万kmのケーブルストランドが使用された。

　吊橋は何千年もの間存在してきたが、現代材料と建築施工が発達したために最近200年間で完成された。吊橋は橋床を吊り下げるケーブルの引張強度に左右される。この理論を利用した初期の橋は川に渡したロープやつる植物から吊り下がる歩行橋で、懸垂線や自然なアーチ形を生み出した。現代吊橋の建築に使用する鋼鉄ケーブルを地面にしっかりと固定して、一般には2棟のパイロン上に自然に架線し、その間に主要支間を作り出す。主要ケーブルを橋床に結ぶ垂直ケーブルはハンガーと呼ばれる。

## 構造 Structure

吊橋の建築はパイロンから始まる。主要ケーブルはパイロン上とアンカーレッジの輪を通る連続鋼線を前後に紡いで製造される。完成すると、これらのケーブルは1束にまとめられて1本の大きなケーブルが生まれる。次にさらに細いケーブルで橋床桁を吊る。現代吊橋の橋床の多くは箱桁である。風による横方向の荷重だけでなく垂直方向の荷重に対抗できるようにこれらの桁を結合して補強する。補強方法は橋の様式や支間によって変化するが、トラス桁、十字筋かい、支え線などの方法がある。

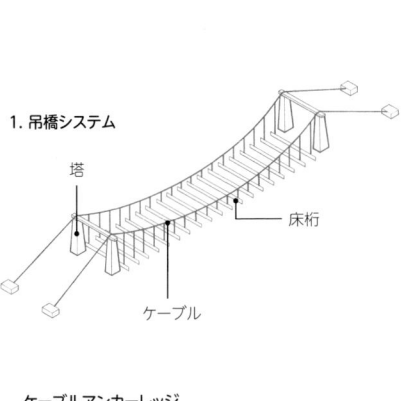

### 1. 吊橋システム

塔／床桁／ケーブル

### ケーブルアンカーレッジ

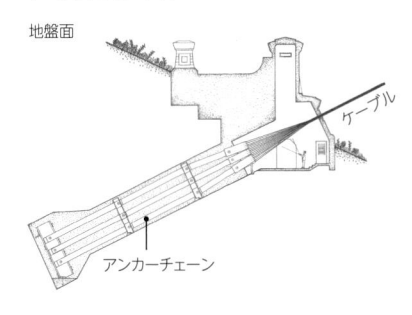

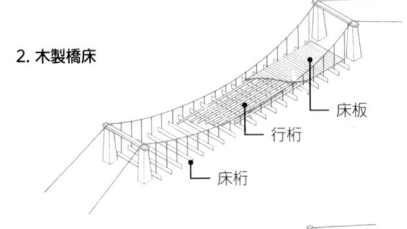

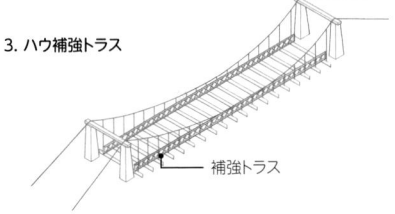

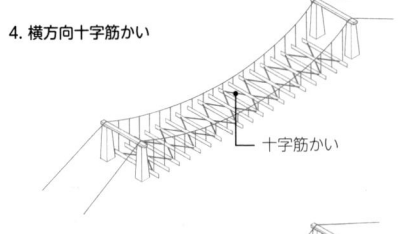

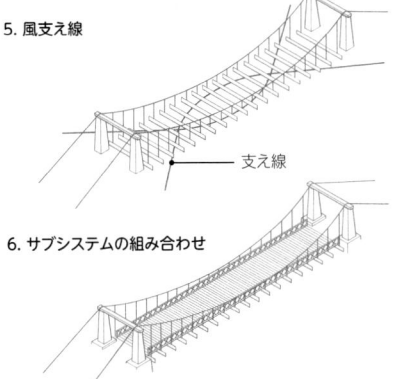

地盤面／ケーブル／アンカーチェーン

### 2. 木製橋床

床板／行桁／床桁

### 3. ハウ補強トラス

補強トラス

### 4. 横方向十字筋かい

十字筋かい

### 5. 風支え線

支え線

### 6. サブシステムの組み合わせ

57

# 吊橋

**鉄と鋼鉄** Iron and steel

初期の吊橋の吊り部材は鉄鎖か、アイバーと呼ばれる一連の相互連結した平棒で製造された。19世紀初めにはワイヤーケーブルを用いた、さらに効果的な方法が考案された。ケーブルはさらに強度があり、より余剰性が高い―束にした何千ものワイヤの1本が擦り切れても大惨事には至らないが、アイバーが破損する恐れはあった。19世紀初めには耐久性のあるワイヤーケーブル橋が初めて建築されたが、鋼鉄が発達するとすぐに最初の鋼鉄ケーブルの吊橋が建築された。ローブリング父子によるニューヨークのブルックリン橋(1883年)である。

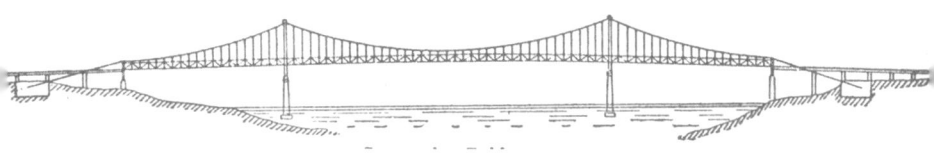

### 効率性 Efficiency

吊橋は長距離に橋を架けるもっとも効率の良い手段である。真下の交通を遮断せずに建築でき、足場も不要である。また重荷重を運搬できる割には比較的小型の材料を用いる。

### ブルックリン橋 Brooklyn Bridge

パイロンの上に鋼線を連続して架け、マンハッタンとブルックリンの基盤に固定される4本の主要な吊りケーブルを生み出している。中央支間の全長が約486mあるブルックリン橋は20年間世界最長の吊橋だった。

### 失敗 Failure

吊橋は垂直荷重に耐える点では非常に有効だが、その細長い形状とたわみやすい部材のせいで、通常の運搬荷重を超える横風のような強力な荷重にさらされる。橋床設計に反しなくともこうした荷重がひんぱんに加われば、1940年のタコマナローズ吊橋の崩壊のような大惨事を引き起こす恐れがある。

# 斜張橋

### 多様性
Versatility

斜張橋は当初は片持ち梁橋には大きすぎて吊橋を請け合うには小さすぎる状況に用いられた。しかし、設計と構造を改良した結果、今や斜張橋は約1kmを超える支間を有し、吊橋に匹敵する非常に用途の広い架橋解決法となっている。スウェーデン・デンマーク間で鉄道と自動車を運ぶ斜張橋、エーレスンド橋 (2000年) の中央にある主要支間は幅約490mで、4本の独立した尖塔によって支えられている。

斜張橋は吊橋と外見はよく似ているが、実際はむしろ片持ち梁橋に近い。多種多様な斜張橋があるが、引張状態にある何本もの各ケーブルで橋床を支持するパイロンまたは主塔が特徴である。いずれの場合も橋床の建築は一連の片持ち梁にある主塔から始まる。これらの片持ち梁は主塔の両側に配置されて建築物の均衡を保つためアンカーレッジは不要である。橋床は主塔へ引張されて圧縮力が働き、軽い橋床が単に吊りケーブルから吊り下がる吊橋とはちがって非常に強固な建築物でなければならない。

バートンクリーク橋

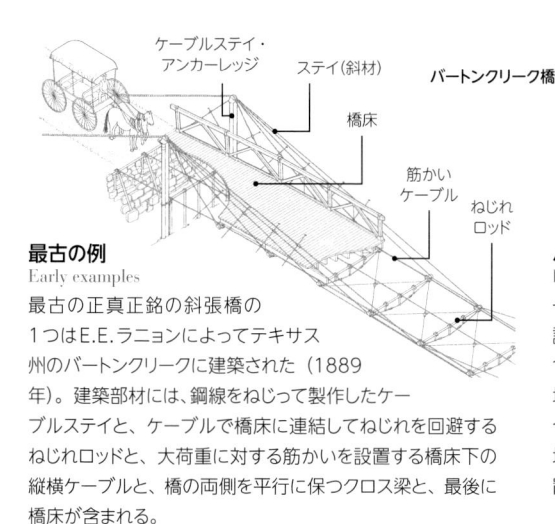

ケーブルステイ・アンカーレッジ
ステイ（斜材）
橋床
筋かいケーブル
ねじれロッド

## 最古の例
Early examples

最古の正真正銘の斜張橋の1つはE.E.ラニョンによってテキサス州のバートンクリークに建築された（1889年）。建築部材には、鋼線をねじって製作したケーブルステイと、ケーブルで橋床に連結してねじれを回避するねじれロッドと、大荷重に対する筋かいを設置する橋床下の縦横ケーブルと、橋の両側を平行に保つクロス梁と、最後に橋床が含まれる。

## ハープ形とファン形（下図）
Harp and fan

一般的な斜張橋に支持ケーブルを設置する主な方法は2つある。1つはファン形で、支持ケーブルが主塔の頂部に向かって集合する。もう1つはハープ形で、ケーブルが主塔に沿って上るにつれて平行に配置される。

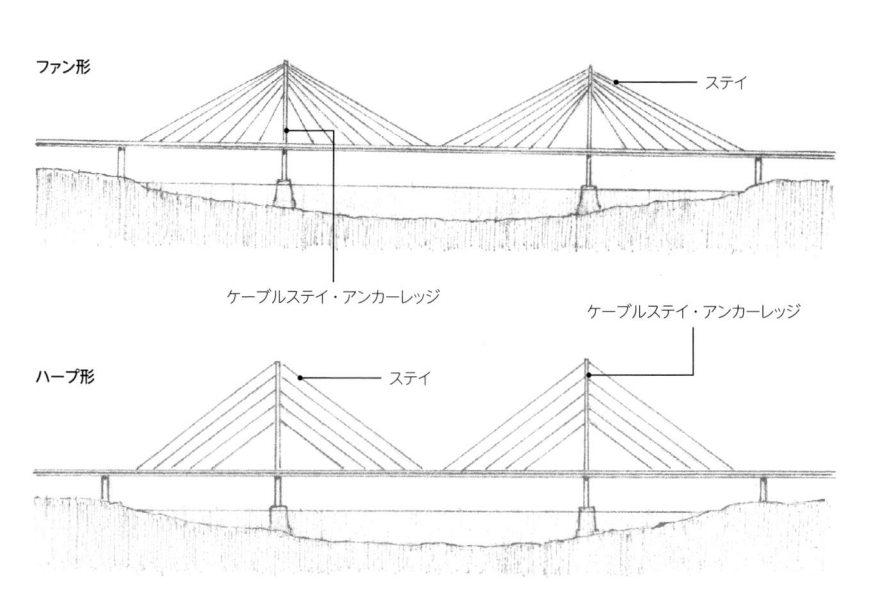

**ファン形**

ステイ

ケーブルステイ・アンカーレッジ

ケーブルステイ・アンカーレッジ

**ハープ形**

ステイ

ケーブルステイ・アンカーレッジ

61

## 斜張橋

### 長さ制限なし Unlimited length

現代の斜張橋の主要支間は最長の吊橋の支間に匹敵するほどではないが、斜張橋の利点は連続して繰り返すことができる点にある。斜張橋のアンカー部は主塔にあるため、主塔を増設すれば橋を延長できる。香港の汀九橋（ティンカウ）（1998年）は一連の主塔を用いて広大な水面を横断している。約465mの特別長いケーブルによって縦方向の安定性が高まっている。

### 建築 (右図) Construction

大型で現代的な斜張橋の建築は進入路と主塔から始まる。これらの部材が所定の位置に収まると、独立ケーブルで吊り下げた区画の位置に橋床が運ばれる。それが完了すると、全体の橋床を連結して固定する。建築は比較的簡単で、大きな利点が2つある。足場がほとんどまたはまったく不要で、その下を通過する船舶にはあまり障害とはならない。

## 1. 橋脚と支持支間の建設

支間

中央塔

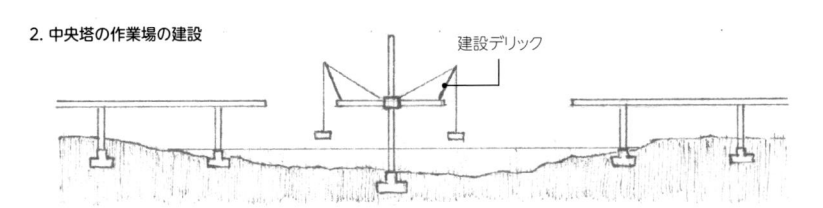

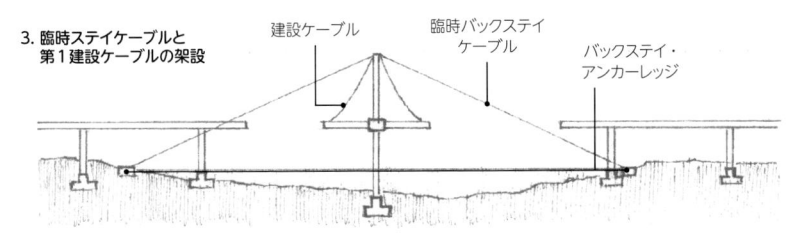

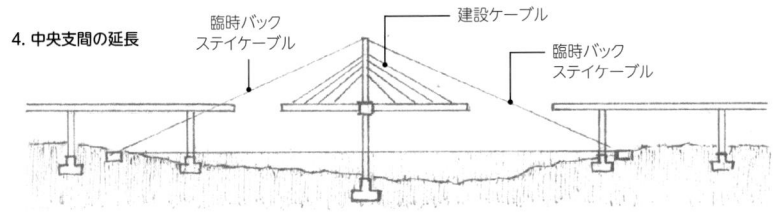

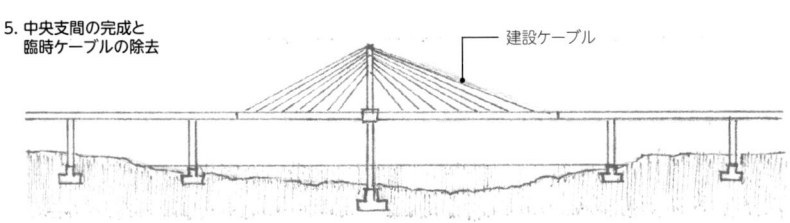

## 2. 中央塔の作業場の建設

建設デリック

## 3. 臨時ステイケーブルと第1建設ケーブルの架設

建設ケーブル

臨時バックステイケーブル

バックステイ・アンカーレッジ

## 4. 中央支間の延長

臨時バックステイケーブル

建設ケーブル

臨時バックステイケーブル

## 5. 中央支間の完成と臨時ケーブルの除去

建設ケーブル

# ハイブリッド橋

### アーチ形とトラス
Arch and trusses
ポルトガルのドーロ川に架かるドン・ルイスⅠ世橋（1886年）は上段に鉄道橋、下段に道路橋を支持するアーチ形で構成される。上段の鉄道橋は鉄塔で支持する鋼鉄製トラス桁であり、中央部だけがアーチ形で支えられている。

　単一様式の橋の実例は比較的少ない。多くは数種類の様式を組み合わせているが、中には他の橋よりも明らかな混種（ハイブリッド）橋もある。ハイブリッド橋は、2つ以上の建築様式が混在して機能しているため、橋の構造を解明するうえで最も興味深い橋である。ハイブリッドとして設計されている橋もあれば、橋として機能する間に変化する環境に応じて補強、変更した結果、ハイブリッドとなる橋もある。ハイブリッド橋本来のさまざまな特徴は、多様な種類が無限にあることである。次に紹介するのは、1本の橋にどのように異なる様式を採用できるかを示す実例の一部にすぎない。

### ケーブルと箱桁 Cables and box girders
斜張橋の橋床は重要な架橋建築部材である。橋床は、ケーブルが主塔方向に引き戻して負荷する圧縮力と、荷重が下方へ押して負荷する座屈力に対抗しなければならない。スコットランドのアースキン橋（1971年）は橋床を支えるケーブルステイを使用し、溶接した弓形箱桁で建築されている。

### 意図的ではないハイブリッド Unintentional hybrids
橋の中にはハイブリッド式に設計されていないものの、その寿命を全うする間にハイブリッド橋になるものもある。ロンドンのアルバート橋（1873年）は当初は橋床を支える32本の鉄製ロッドを備えた斜張橋だった。10年後、橋に生じた問題のために吊橋のような鋼鉄の鎖が追加された。1970年代には主塔への荷重を削減するために補強した支間の中央にコンクリート製橋脚が埋設された。

### アーチ形と桁 Arches and beams
技術者ロバート・スティーブンソンはイングランド、ニューカッスルのハイレベル橋（1849年）の各支間を製造するために錬鉄製の横梁内にアーチ形を挿入した。水平および垂直の横梁のあるタイドアーチを組み合わせたこの特徴のある部分は弓弦桁とも呼ばれ、非常に強固で、この鉄道・道路橋によって発生する荷重に耐えるように設計された。

# ハイブリッド橋

**エクストラドーズド橋** Extradosed bridges

斜張橋と桁橋の特性を組み合わせることで、桁橋よりも広い支間と狭い橋床を実現でき、大型の斜張橋にかかる経費を負担せずにすむ橋がある。2つを組み合わせた橋はエクストラドーズドと呼ばれ、非常に特徴がある。

橋床の最初の部分は連続桁の役割を果たす主塔が直接支えている。ケーブルステイが橋床の次の部分を支え、支間の中央部は外側ケーブルで吊り下げられる。スイスのガンター橋（1980年）のケーブルステイはPC製アームで固定されている。

**ゴールデンイヤーズ橋**(上図) Golden Ears Bridge
北米最長のエクストラドーズド橋はカナダのゴールデンイヤーズブリッジ(2009年)で、4本の主塔で2kmを超える橋を架けている。

**橋の連続**(下左図) Bridge series
現代の橋には非常に大型で、1本の橋ではなく一連の橋となるものもある。中国青島市湾岸の全長約42kmの青島膠州湾大橋（2011年）は世界最長の水上橋である。この橋は斜張橋部分と、プレストレストおよびポストテンション式コンクリート製桁橋で構成される。

斜張橋部分

プレストレストおよびポストテンション式コンクリート製桁橋

**スンニベルグ橋**(右図) Sunniberg Bridge
エクストラドーズド橋の別の利点はその比較的短い支間によって湾曲した橋床が生まれる点にある。スイスのスンニベルグ橋（1998年）は険しい峡谷を抜けて円弧を描く4本の橋脚と5つの支間を備えた鉄筋コンクリート製エクストラドーズド橋である。

# BRIDGE USES
## 橋の用途

　橋は自動車、鉄道、自転車、歩行者の通行のような明確な用途から、水の運搬といった、よりあいまいな用途まで広範囲の多様な用途に応じて設計される。複数の用途に応じて設計される橋も多い。

　たいていの橋は特殊な用途（または複数の用途）に応じて設計されるが、実際の使用方法はさまざまな利用者の移りゆく要求に合わせてしばしば変化する。橋には当初の予定とはちがう用途が加わる場合も多く、しかもそれが後世になって変化することもある。大勢の兵士たちや必要な給水を運ぶために設計された古代の橋が、現代では旅行者やハイカーたちの重量だけを支えている。

その他、橋そのものが賑った結果、幅を広げたり、シングルデッキからダブルデッキへ改造したりする必要がある場合もある。

　大型の橋にはたいてい複数の用途がある。大型の橋は最重荷重を運搬できるように設計されるため、歩行者や自転車に乗る人などの比較的軽量の重量にも適応できる。橋の中には非常に象徴的な存在となり、その橋の上を歩いたり、そこからバンジーロープを身につけて飛び降りたりする機会が橋そのものの正当性を追求する行為となっている場合もある。

### 車を抱く
Embracing the car

米国の道路網の拡大を助長するために何千という橋が建築された。最も有名な橋の1つは、鉄筋コンクリート製橋床のアーチ橋、西海岸のビクシビー・クリーク橋 (1932年) である。

# 歩道橋

**空間を結ぶ**
Linking spaces
ミレニアム歩道橋(2000年)はロンドン市のセントポール寺院とテムズ川のサウスバンクを結んでいる。この最新技術を駆使した水平の吊橋は両岸の都会的な空間を一変させた。

　最古の橋は歩いて渡るように設計された。しかし、歩道橋の起源は現代の歩道橋の精巧さの範ちゅうとはかけ離れている。近年では都市計画や都市設計が数十年に及ぶ自動車優勢から後退し始めて、歩行者や自転車に乗る人を優先するという、より感性の豊かな人間らしい働きかけを採り入れ始めるにつれて、歩道橋は復活を謳歌しつつある。都会の景色をより美しいものにする歩道橋の力が世界中で証明されており、その結果架橋設計においてあらゆる種類の革新的で挑戦しがいのある解決策が生まれている。

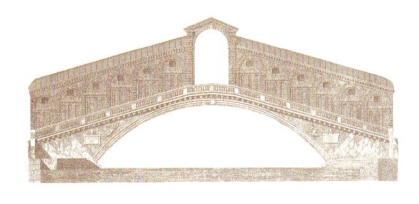

**ロマンス** Romance

他の交通手段にじゃまされない歩道橋は静寂、黙想、ロマンスを楽しめる場所でもあり、町や周辺の景色を胸躍らせながら開放的に眺められる場所である。アントニオ・ダ・ポンテが設計したヴェニスのリアルト橋（1591年）ほどロマンスの予感を感じることで有名な橋は世界に例をみない。

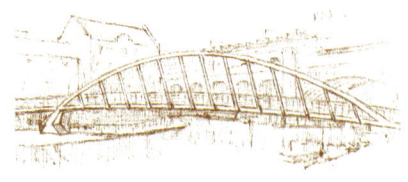

**都会の再建** Urban regeneration

マーチャント橋（1996年）はマンチェスターのキャッスルフィールド地区の再建に不可欠な要素だった。その設計にはそれまで見捨てられていた町の一角を変貌させる印象的でカリスマ性のある建築物が必要だった。ホイットビー＆バードが設計した解決策は、曲線状の橋床を支える鎌状のアーチ形が特徴の印象的な94トンの鋼鉄製建築物だった。

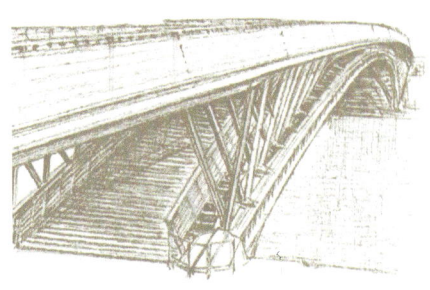

**デザイン革命** Design innovation

比較的小型で特別注文の歩道橋はデザイン革命を起こす異例の機会をもたらす。パリにあるシングルスパンのレオポール・セダール・サンゴール橋（1999年）は、人々が主要アーチの上やそれを支える上部橋床の上を直接歩ける、ユニークなデザインの交差型階層構造の橋床を備えた鋼製アーチ式歩道橋である。

71

# 水道橋

**輸送** Transport
18世紀以来水道橋は交易を後押ししており、現在でも原材料の輸送に使用されている。世界最長の可航水道橋はドイツのマクデブルク水路橋（2003年）であり、全長は約1kmである。

　水を運ぶ橋は、その最も有名な用途を表す名前―水道橋（アクアダクツ）と呼ばれる。古代ローマ人はラテン語のアクア（水）とダクタス（導く）を組み合わせて橋の様式を定義し、何千間も使用し続けてきた。最古の水道橋は潅がい用として建築されたが、都市が栄えて交易が盛んになると、水はただ穀物を育てる以上に必要になった。古代ローマ人は水道橋建築の専門家であり、水道橋を建築して飲料用、洗濯用の清潔な水を都市部へ送り届けた。現代の水道橋は輸送用に用いられ、産業革命時には運河を結ぶネットワークとして不可欠な存在だった。

**ポン・デュ・ガール、ニーム、フランス**(上図)
Pont du Gard, Nimes, France

古代ローマ人は最も多く水道橋を建築しており、かれらの技術に優るものは千年以上経っても表れていない。もっとも有名な古代ローマ時代の水道橋の1つは南フランスのポン・デュ・ガールである。かつてニームの町で活躍した3段アーチ形の水道橋は、高さ48m、全長約275mの特徴的な外形でなおも現存している。

**アクア・クラウディア、ローマ**(下図)
Aqua Claudia, Rome

何千もの浴場があり、皇帝のお膝元にあったローマ以上に水を消費した古代ローマの都市はなかった。この需要を満たすために、西暦38年にローマ皇帝カリグラがこの印象的な石造アーチ形のアクア・クラウディアの建設を命じ、52年に完成した。この水道橋はローマ14区に水を供給した。

### 産 業 Industry

産業革命に運河は不可欠だった。運河システムを設計する際に、技術者たちは現存する障害物を迂回する水道橋も設計しなければならなかった。エア&コールダー水路を支えるヨークシャーのスタンリー・フェリー水道橋(1839年)は世界最大の鋳鉄製水道橋である。

# 道路橋

**バンポ大橋**
Banpo Bridge
ソウル市漢江に架かるバンポ大橋 (1982年) は、もう1つの道路橋であるジャムス橋の上に建築された主要道路橋である。このダブルデッキの橋の魅力を高めるために、市は橋の全長にわたってムーンライトレインボー噴水を設置した。

　19世紀まではたいていの橋は歩行者や馬車程度のものを運ぶだけでよかった。蒸気動力、後に燃焼機関が出現すると、車両交通が飛躍的に急増し、現代の交通重量に耐えられるように橋は大型化してさらに頑丈になった。20世紀には大多数の橋が車両輸送に対応して設計された。道路橋にはあらゆる形と大きさがある。既存の輸送ネットワークとの連結を改良する小型橋があれば、大型の橋には峡谷、湾、そして海峡をも越えて毎年何百万もの車両を運ぶ、新規輸送ネットワークを構築する橋もある。

**自由の精神** (右図) Spirit of freedom
米国ほど自動車と、この輸送手段が情熱的に表現する個人の自由の精神を享受してきた国はない。19世紀後半から道路網が西へと広がるにつれて架橋建築は拡大する道路網に必要不可欠となった。西海岸のビクシー・クリーク橋（1932年）は米国の高速道路建設の全盛期中に無数に建築された橋の1つである。

**自動車ブーム** Car boom
ヴェネズエラにある全長約8.5 kmのラファエル・ウルダネタ橋（1962年）は、中央部の斜張橋と進入路のPC製桁橋を組み合わせており、最近50年以上で高速道路インフラに投じた巨額投資の一例である。

**六甲アイランドブリッジ** Rokko Island Bridge
日本の神戸にある全長217mの鋼鉄製タイドアーチ形の六甲アイランドブリッジ（1993年）は、多忙な高速道路の一部を形成し、都会の莫大な交通量の輸送を目的として設計されたダブルデッキの道路橋の一例である。

# 鉄道橋

**グレンフィナン高架橋**
Glenfinnan Viaduct
スコットランドのグレンフィナン高架橋（1901年）は世界で最初に完全コンクリート製で建築された。21個のアーチ形のあるこの橋は、ロバート・マクアルパイン卿が非強化コンクリートを使用して建築した。

　18世紀に鉄道が出現すると、こうした前例のない荷重を支えられる新しい建築方法を考案しなければならなくなった。最初の鉄道が運んだのは乗客ではなく、産業革命の燃料となる石炭やその他の原材料のような、より重い貨物だった。現存する最古の鉄道橋はイングランド、ダラム州にあるコージー・アーチ橋（1727年）で、煉瓦職人ラルフ・ウッドが建築した煉瓦造りのアーチ形である。このような建築初期以来、鉄道橋はより重い荷重を支え、より広大な距離に架橋するためにあらゆる建築方法を用いて世界中に建築されている。

### デルガルダ高架橋 Del Garda Viaduct
高架橋は列車の運搬用に設計された最も名高く美しい建築様式の1つである。イタリアのデルガルダ鉄道に設置された尖頭アーチ形の石造りの高架橋は1852年に建築されたが、第2次世界大戦中の空襲により破壊された。

### ガラビ高架橋 Garabit Viaduct
フランスのガラビ高架橋 (1884年) は19世紀の最も有名な技術者の1人、ギュスターヴ・エッフェルによって建築された。トルイエール川を跳び越す約165mの鋼鉄製トラスアーチ形がそびえるこの鉄道橋の全長は500m以上である。風の抵抗を最小限に抑えることを考慮してトラスが使用された。

### クウェー川に架かる橋 Bridge over the Kwai
タイとビルマを結び、クウェー川に架かるこの橋は第2次世界大戦中に鉄道線路を建設した同盟軍の捕虜たちが請け負った土木技術の最高力作の1つだった。この橋は1957年に映画化されたピエール・ブールの小説「戦場にかける橋」の中で不朽の名声を博した。

# 軍橋

## ベイリー橋
The Bailey bridge

ベイリー橋は第2次世界大戦中に英国で設計された。鋼鉄製トラス設計が成功したのはその輸送性と、主に戦火の中、人力で建設できる簡便性によるものだった。

　軍事用として特別に設計、建築された橋は独自の様式である。他の様式の橋とちがって、簡単かつ迅速に建築、解体、輸送できることが必須である臨時の橋である。軍橋は何千年も用いられており、戦略上の成功には不可欠である場合が多い。軍橋の最古の様式は浮き橋の一種で、浮力のある部分を連結して橋床を形成する。今日では近代軍事兵器の重量や大きさを備えた多くの軍橋は驚くべき技術革新の宝庫である。

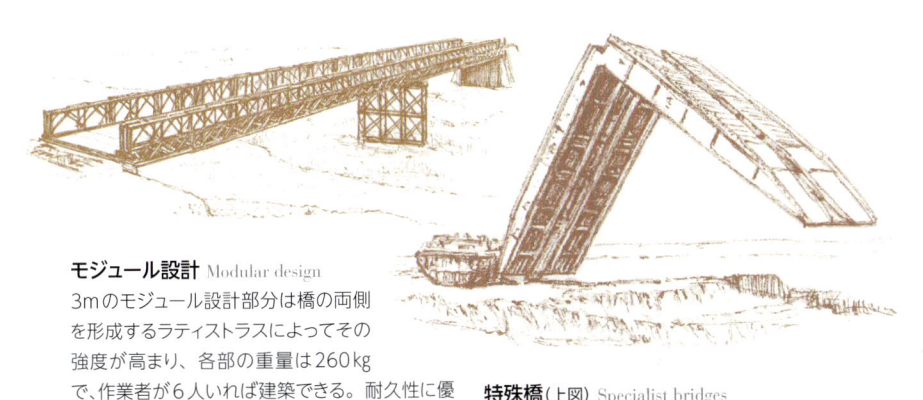

### モジュール設計 Modular design

3mのモジュール設計部分は橋の両側を形成するラティストラスによってその強度が高まり、各部の重量は260kgで、作業者が6人いれば建築できる。耐久性に優れた設計である証拠に、ベイリー橋は平時の現在も、時には常設橋として使用されている。

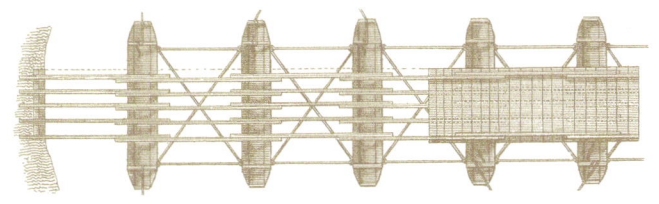

### 特殊橋(上図) Specialist bridges

現代の軍隊は橋の機能を創出または実演できる広範囲の機器を装備している。幅3.5m、全長20mのこの橋は軽量合金製であり、半分に収納して改造戦車の上で運搬できる。

### 浮き橋(下図、右図) Pontoon

浮き橋は軍橋の設計では最古の伝統的な例である。小船、空気による膨張材、竹などの自然素材でできた一連の浮遊部分が軽量の橋床を支えている。急な川の流れに橋を流されないように、たいていは十字筋かいの形状を用いて構造を強化する必要がある。

# ENGINEERS
## 技術者たち

　大多数の橋は、それを設計した人間の才能はもちろん、ほとんど注目されることはない。橋を設計し、建築を監督した無数の男女の名前は忘れられるのが常だが、時には橋が名声と経歴を築く(または地に落ちる)こともあるだろう。何世紀にもわたり、偉大な橋梁設計者たちは交易と社会を変貌させる一助となり、商業と通信を地域全体に発展させ、また都市域の地域性を向上させた。

　もっとも多作にして才能のある橋梁設計者たちの中には、最近200年間の材料や建築技術における先例のない発展に尽力した者たちがいる。

　従来こうした著名人の多くは技術者たちだったが、彼らの肩書きには建築家、

芸術家、彫刻家なども含まれる。こうした人物全員の共通点は、2つの地点を単に結びつけるだけでなく、その建築工程で利用者や見物人に勇気と興奮を与える、効果的で効率的な橋を設計する才能である。

　この章では、わたしたちが住む世界を変容させて発展させ、さらに作品の美しさを通して何世代もの同業者たちや一般市民たちにも勇気を与えた、絶大な影響力を誇る大勢の橋梁設計者の中から選りすぐりの人物たちを紹介する。

### ヴィクトリア朝時代の技術者
Victorian engineer

イザムバード・キングダム・ブルネルほど橋梁設計の発展に深く関わった人物はいない。下の写真は彼が設計したロイヤル・アルバート橋（1854〜1859年）で、錬鉄製で、煉瓦造りの橋脚上で支えられた1組のレンズ形トラスを用いている。

# イザムバード・キングダム・ブルネル

　英国でイザムバード・キングダム・ブルネル（Isambard Kingdom Brunel／1806～1859年）ほど土木工学に著しく貢献した人物はいない。彼の膨大な作品群にはトンネル、橋、船舶、建物、鉄道が含まれる。ブルネルは当初、技術者だった父マーク・イザムバード・ブルネルに師事して、テムズ川トンネルの建設に従事しながら土木工学の経験を積んだ。ブルネルの多様な経歴の中で特に目立つのは、ロンドン・ブリストル間を結ぶグレート・ウェスタン鉄道での仕事ぶりだった。また彼は最初の動力エンジンを備えたプロペラ駆動型の鋼製船体、SS　グレート・ブリテン号（1843年）を含む多数の大西洋横断汽船も設計した。

**チェップストー** Chepstow
チェップストーのワイ川に架かる、支間長92mの鉄道橋（1852年）を経済的に設計するために、ブルネルは鉄の鎖を使って強固な鉄製橋床を支える弓形の管状桁を使用している。この新しい設計はさらに大型で洗練されたロイヤル・アルバート橋の原型となった。

**ウォーンクリフ高架橋** Wharncliffe Viaduct
ブルネルが手がけたグレート・ウェスタン鉄道線路上最初の架橋設計の1つは、ロンドン西部のハンウェル・サウソール間を結ぶ全長270mのウォーンクリフ高架橋だった。この煉瓦橋は中空で先細り形の橋脚上で支えられた8本の半楕円アーチ形で構成される。

**ハンガーフォード橋**(上図) Hungerford Bridge
ハンガーフォード橋(1845年)はロンドンのテムズ川に架かる鉄製の吊橋型歩道橋だった。1859年にサウス・イースタン鉄道会社がこの橋を購入し、チャリングクロス駅建設時に解体した。新しい鉄道橋にはブルネルの煉瓦製橋脚を使用し、鉄の鎖はブルネルの有名なクリフトン吊橋(p.198-199参照)に再利用された。

**ロイヤル・アルバート橋**(下の写真) Royal Albert Bridge
ロイヤル・アルバート橋(1854～1859年)はタマル川に架かり、デヴォン州とコーンウォール州を結ぶ鉄道橋である。この錬鉄製の橋は2つのレンズ形トラス(p.47参照)で構成され、それぞれの長さは138mである。2つのトラスは、石造橋脚で支えられる一連の鉄製プレート桁が形成する進入路へ連結し、橋の支間全長は666mに及ぶ。

# ジョン・A・ローブリング

ジョン・A・ローブリング（John A. Roebling／1806～1869年）は25歳までドイツで過ごし、技術者として勉強し訓練を積んだ。1831年に渡米し、農夫として数年働いた後、土木工学の道に戻った。ドイツで学んだ吊橋を専門として自分のペンシルヴェニアの農場でワイヤーケーブルを製造した。彼の最初の吊橋は水道橋で、その後さらに大型の橋を設計し始め、ついに自身のもっとも有名な作品、ニューヨークのイーストリヴァーに架かるブルックリン橋を完成させた。

### ブルックリン橋
Brooklyn Bridge

ローブリングの最大の橋は全長486mのブルックリン橋（1883年）である。完成時には世界最長の吊橋だった。1869年、ローブリングは架橋建築調査中に船が足にぶつかり、それが原因で破傷風にかかり死亡した。彼の息子、ワシントン・ローブリングが仕事を引き継いだが、建設中に基礎から水を除去するケーソンでの作業中に減圧症にかかり、その後下半身麻痺となった。やがてジョン・ローブリングの息子の嫁、エミリー・ウォレン・ローブリングがこの事業を引き継いだ。

### ナイアガラの滝吊橋
Niagara Falls Suspension Bridge

1851年、ローブリングは最初の大型吊橋の建築に取りかかった。ニューヨーク・カナダ間を結ぶ新しい鉄道の一部としてナイアガラ川に架かる橋だった。支間長251mのこの橋が画期的だったのはダブルデッキを支えるために金属製ワイヤーケーブルを使用したことで、上層では列車が、下層では車両が通行した。

デラウェア水道橋を上空からみた図

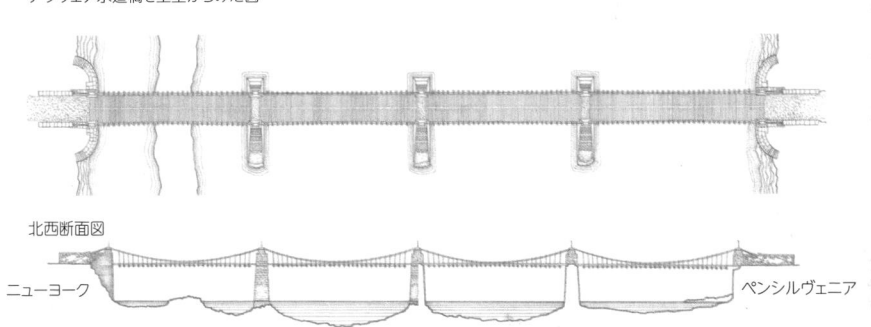

北西断面図

ニューヨーク　　　　　　　　　　　　　　　　　　　ペンシルヴェニア

### デラウェア水道橋(上図) Delaware Aqueduct

ローブリングは1848年以降デラウェア＆ハドソン運河用に設計した4つの水道橋の吊橋について理解を深めた。この特殊な橋には3本の橋脚が支持する4つの独立した支間がある。

### ローブリング吊橋(下図)
Roebling Suspension Bridge

オハイオ川に架かる全長322mのシンシナティ・コヴィントン橋(後にジョン・A・ローブリング吊橋と改名)は1866年の開通時には世界最長の吊橋で、自身が設計したブルックリン橋の先駆けとなった。

# ロベール・マイヤール

**ザルギナトーベル橋**
Salginatobel Bridge
ザルギナトーベル橋（1930年）はマイヤールによるコンクリートの画期的な用途を示している。彼がコンクリートの性質を直観的に理解したおかげで、彼の建築物は美しいだけでなく、低予算、短工期で建築された。

　橋梁設計にコンクリートの芸術的、建築的な可能性を十分に取り入れた第一人者はスイスの技術者ロベール・マイヤール（Robert Maillart／1872～1940年）だった。マイヤールはチューリッヒ工科大学で学んだが、系統的というよりも直観的な技術者だった。当時では目新しくほとんど理解されない材料だったコンクリートを巧みに扱う彼の能力は革命的といえた。シュバントバッハ橋とザルギナトーベル橋（p.128～129参照）はもっとも有名な彼らしい作品で、将来の橋梁設計者たちに大きな影響を与えている。

### シュタウファッハー橋 Stauffacher Bridge

マイヤールが設計した初期の橋の1つにスイス、チューリッヒのシュタウファッハー橋があった。この橋は一見すると石造建築に見えるが、実は3ヒンジアーチ上に中空箱桁を用いた鉄筋コンクリート製である。錯覚を与えるこの橋はマイヤールが鉄筋コンクリートの構造上の自由と簡便性を完全に会得する以前の初期の作品だという証明である。

### ボールバッハ橋 Bohlbach Bridge

ボールバッハ橋（1932年）ではマイヤールは橋床を補剛するアーチ技術を開発した。鉄筋コンクリート製の橋床は、アーチや橋床と同幅の細長い橋脚が支える細長いアーチ形上に位置する。橋上の往来によって発生する遠心力に逆らう勾配のついた道路のカーブはアーチの幅を変化させて調整している。

### シュバントバッハ橋 Schwandbach Bridge

マイヤールが用いた橋床を補剛するアーチ技術はシュバントバッハ橋（1933年）で頂点に達し、補剛した橋床下の多角形のアーチ形は厚さ約20cmである。ボールバッハ橋と同じく、橋の上を通る道路はカーブしており、その結果アーチ形の幅はアーチ中央の約4mから橋台での約6mに変化する。

# サンティアゴ・カラトラバ

　サンティアゴ・カラトラバ（Santiago Calatrava／1951年生まれ）の作品は工学、建築、彫刻の分野をつねに行き来している。彼の有名な建築物には橋、超高層ビル、鉄道駅などがあり、20世紀、21世紀の工学に関する一般市民の認識を変容させて新たに活気を与えてきた。彼の橋は特徴のある外観と彫刻作品として優れている点で有名である。

**エルサレム・コード橋**
Jerusalem Chords
カラトラバがセビリアのアラミリョ橋（1992年）の設計に最初に用いた片持ち梁円材式斜張橋が彼のトレードマークの1つとなっている。その技術は一般的な斜張橋の変形であり、橋の荷重に対抗するように支柱が傾斜し、必要なケーブルステイが少なくて済む。カラトラバは大胆に視覚に訴えることを狙って、路面電車、自動車、歩行者が通行するエルサレム・コード橋（2005～2008年）にこの片持ち梁円材方式を用いた。

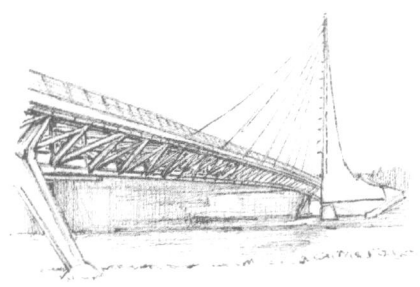

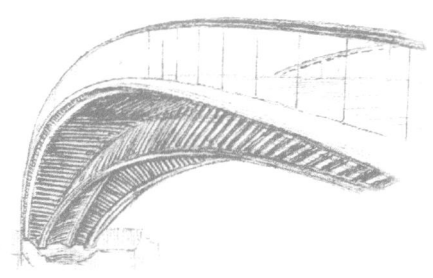

**サンダイアル（日時計）橋** Sundial Bridge
カリフォルニア州レディングのサクラメント川に架かる自転車・歩行者専用歩道橋の設計では、カラトラバは66mの支柱を日時計の指時針に変更した。時計の文字盤は橋の北側広場を構成する。サンダイアル橋（2004年）の14本のケーブルステイは、213mの支間を支えるために1km以上のケーブルを使用している。

**ローマ広場歩道橋** Ponte della Costituzione
ローマ広場歩道橋（2007〜2008年）は、1つの中央部材、2つの底面部材と、2つの両側部材という5つのアーチ形部材で構成されるアーチ形トラス橋である。支間約80mのこれらの部材は鋼管と鋼板で連結されて、橋の石造およびガラス製の階段を支える彫刻的なうねのある構造を形成している。(p.154〜155参照)

**サミュエル・ベケット橋** Samuel Becket Bridge
ダブリンのサミュエル・ベケット橋（2009年）の設計では、カラトラバは両側のケーブルで支持する弓形の管状鋼製支柱を用いて片持ち梁円材式斜張橋に修正を加えた。この道路橋兼歩道橋は、船舶がダブリンのリフィー川を通過できるように90度傾斜している。橋は現代的な陸標となるように設計されたが、その形は伝統的なアイルランドのハープを思い起こさせる。

89

# ギュスターヴ・エッフェル

ギュスターヴ・エッフェル（Gustave Eiffel ／ 1832 ～ 1923年）はパリで名高い中央工芸学校で学んだ後、フランスを代表する有名な技術者となる第一歩を歩みだした。彼は画期的な建築物を多数設計し、もっとも有名な作品は1889年にパリ万国博覧会のために設計、建築し、自身の名を冠した塔である。当初は一時的な建築物となるはずだったが、エッフェル塔はパリ市民の心をつかみ、現在もパリを象徴する最も有名な建築物である。さらにエッフェルはフランスから米国へ贈られた自由の女神（1886年）内部の骨組みをも設計した。

**ガラビ高架橋** Garabit Viaduct
南仏のトルイエール渓谷に架かるガラビ高架橋（1884年）は、ポルトガルのドン・ルイスI世橋（1875年）（p.64参照）を含むエッフェルの初期の設計の進化形である。この全長565mの鋼鉄製の橋は、支間長約165mの三日月形のアーチがそびえ立ち、その上に高さ124mのトラス形の橋床がある。当時では高さが世界最高の橋だった。

**マリア・ピア橋**(左図)
Maria Pia

エッフェルのもう1つの初期の設計は、2ヒンジ式三日月アーチ形の、ポルトガルのマリア・ピア橋（1877年）である。ドン・ルイスI世橋と同じく、マリア・ピア橋の錬鉄製のトラス橋床はアーチ形の頂部と一体化し、その160mの支間は当時世界最長だった。エッフェルはトラスが充腹桁に比べて風の抵抗を減らすため、世に先駆けてトラスを活用していた。

**ズレニャニン**(右図) Zrenjanin

セビリアのズレニャニンの町にあるグレート橋（1904年）は小型の鋼鉄製トラスを使用してベジェイ川を横断している。エッフェルは河川の交通が下を通過できるように橋を昇降可能に設計した。この橋は1969年に架け替えられたが、再建計画が進行中だ。

**キュザック・レ・ポン**
Cubzac-les-Ponts

南仏のキュザック・レ・ポン（1883年）は、石造基礎上に立つ7組の十字筋かい入り円柱形の錬鉄製橋脚が支える一連の箱形トラスで構成される。進入路は縦尖頭アーチ形の丸天井造りを備えた煉瓦造りの高架橋上に設置される。エッフェルの道路橋は全長約550m、重量は3,300トン以上である。

91

# ベンジャミン・ベイカー

**共同事業**
Partnership
ウィルソンの下で働いた後、ベイカーは技術者ジョン・ファウラーと手を組み、1875年に共同事業を始めた。二人は世界初の都市型鉄道網であるロンドンのメトロポリタン鉄道や、スコットランドのフォース鉄道橋（1882～1890年）を共同で手がけた。

　ベンジャミン・ベイカー（Benjamin Baker／1840～1907年）は若き技術者時代にウェールズの有名なニースアビー鉄工所に弟子入りし、その後多くの作品を手がけ、工学の師でありヴィクトリア朝時代の偉大な技術者の1人に師事した。1860年以降はW.ウィルソン氏の助手として、ロンドンのヴィクトリア駅とヴィクトリア橋の建築に従事した後、最初の地下鉄の建設を手がけた。彼は世界中の工学技術に貢献し、ロンドン地下鉄のトンネル建設、ニューヨークのハドソン川トンネル、エジプトのアスワンダム建設などに携わった。彼の名を後世に伝える設計がフォース鉄道橋である。

## 苦難に満ちたスタート
Troubled start

フォース橋会社は1873年に設立され、テイ橋の技術者トーマス・バウチ卿から吊橋の設計を受注した。バウチ卿には不運なことに、1877年にテイ橋は世間の信頼もろとも崩壊した。彼のフォース吊橋は却下され、ファウラーとベイカーの設計した、3つの巨大な二重片持ち梁で構成される鋼鉄製片持ち梁式の中央桁橋が採用された。

### 建設 Construction

71,000トン以上もの鋼鉄(当初鋼鉄は大部分は橋に使用された)で建築されたこの橋の二重片持ち梁は花崗岩の橋脚と鉄製ケーソン上にある。それらの梁は全長約500m以上—1917年まで世界最長—に及ぶ2つの主要支間を形成する短い吊トラスで連結される。

# PART TWO
## 第2章
### ケーススタディ

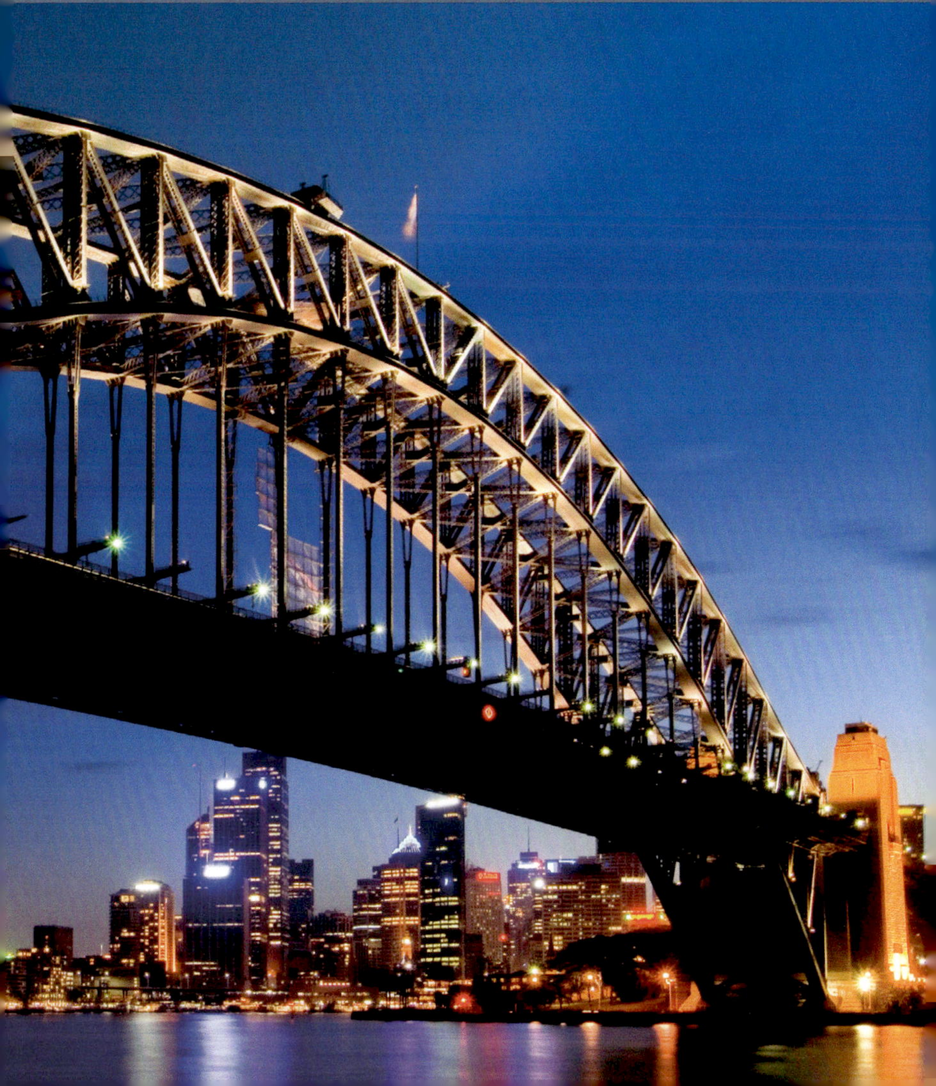

# BEAM BRIDGES
## 桁橋

　桁橋は両端を橋脚が支える水平部材で構成される建築物である。桁の重量（死荷重）に桁上を移動する物体の重量（活荷重）が加わって垂直力が生まれ、その力は建築物を伝わり橋脚に支えられる。この垂直力に対抗する桁の性能は、桁高と橋脚間の距離の関係で定義される桁高スパン比率によって直観的に判断できる。支間が広すぎたり、桁が薄すぎたりする場合、その桁橋は崩壊する恐れがある。

桁橋には単純桁と連続桁の2種類がある。前者は基本的な様式で、単純桁の両端を橋脚が支えている。後者は支持体上で連続する桁構造で構成される。連続桁は支間上での垂下（サギング）モーメントと同じく、橋脚上の断面で反り（ホギング）モーメントが生まれることでより効率的に作用するため、連続桁の断面厚を薄くすることができる。桁橋は世界最長の橋の1つである。

**分身** Alter ego
ブラジルのリオ・ニテロイ橋は正式にはコスタ・イ・シルヴァ大統領橋として知られる。全長約13kmのこの橋は1974年完成当時、世界第2位の長さを誇っていた。

# 安平橋

　安平橋は中国南東部福建省にある1140年代に建築された古い桁橋である。全長2,256m、幅3～4mのこの橋は何世紀もの間世界最長の桁橋であり、1905年までは中国最長の橋でもあった。橋の各部は6個の石桁が隣り合わせに敷き詰められ、両端を石造橋脚が支える形で構成される。橋の途中3ヵ所には楼閣と大きな彫像が建っている。

**耐久性** Endurance
建築年数にもかかわらず、安平橋は今なお使用され、地元の職人の手でしっかりと保存されている。歩行者と自転車専用で、車両は通行できない。

### 桁 Beams

橋の各部を構成する石は、27トンを超える桁自体の重量を十分に支えられる断面厚を有する長方形の桁である。各桁の重量は橋の非効率性を示し、構造性能の大部分は活荷重ではなく橋の自重を支えることに費やされる。

### 欄干(右図) Balustrade

橋の全長にわたって1本の石造欄干が通っている。橋床の各部には3ヵ所の欄干部がある。大きな耐荷重性のある花崗岩の石柱が各橋脚上にある桁間の空間にあり、その間にさらに短い2本の中間の柱があることに注目されたい。

### 橋脚 Piers

この橋には全長にわたり合計331本の橋脚がある。これらの橋脚はほぼ3種類に分類できる。平面図で長方形のものと、先が少し尖った流線形のものと、川への抵抗を減らすために両端を船の形によく似た完全な流線形にしたものがある。どの橋脚も幾層もの石桁を垂直に並べてしっかりと組み合わせて造っている。

# ブリタニア橋

### 以前の桁
Former beam

ブリタニア橋のこの写真は1970年に筒桁内部で発生した火災で橋が損傷する前に撮影された。橋は筒桁の代わりにトラスアーチを使用して補強された。

　ブリタニア橋（1850年）は英国本土のウェールズとアングルシー島の間のメナイ海峡を横断する。この独創的な橋はロバート・スティーブンソン（1803～1859年）による画期的な工学作品だった。彼は急進的な解釈によって錬鉄製トラフを使用したそれ以前の道路橋の設計を発展させた。トラフを囲うことで、スティーブンソンは鉄道線路が通過できる強固な筒桁の製造に成功した。一連の桁を煉瓦造りの橋脚が支えていたが、1970年に発生した橋梁火災によって構造が弱体化し、同じ橋脚の上にトラスアーチを用いて再建された。

### 筒桁 Tubular girder
筒桁の設計と建築は橋の補強には不可欠だった。各桁を、より小型の箱部を頂部と底部で連結固定した錬鉄板で製造し、さらに強度と剛性を高めた。列車は桁の内部を通過した。

### 桁を持ち上げる Lifting the beams
橋の建築がその下の運河の航行に影響しないことが条件だった。桁の使用を決めたために橋脚を個別に建築し、次に各桁を油圧式ジャッキを使用して所定の位置に持ち上げ、その工程に合計17日を費やした。

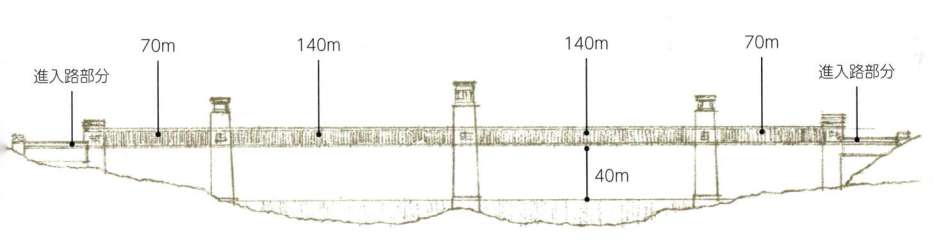

### 橋の長さ Bridge length
2ヵ所の長さ140mの各主要支間を構成する桁はそれ以前に建築されたどの桁よりも相当長かった。各支間部の重量は1,600トン以上で、40mの空間を生み出す高い煉瓦造りの橋脚が支えていた。さらに短い2ヵ所の70mの支間部はアングルシー島から本土ウェールズへと橋を連結する。橋の全長はさらに短い進入路部分を含めて約460mである。

101

# テイ鉄道橋

**橋脚** Piers
テイ鉄道橋のアーチ形進入路は頑丈な煉瓦造りの橋脚上に位置し、トラス桁を支える橋脚はコンクリート製アーチ形で、横桁が底面方向に結合する2本の脚部上に位置する。

1878年に完成した独創的なテイ橋は、鋳鉄と錬鉄の格子で建築した単純トラス桁方式を用いた。その翌年、大嵐の最中に橋が崩壊し、ヴィクトリア朝時代で英国最悪の鉄道大惨事を引き起こし、75人の乗客乗員は全員死亡した。新しい橋(1887年)は2種類の単純桁を用いて建築された。一方は桁上部に鉄道線路がある長方形で、もう一方はアーチ形で線路がアーチの間を通っている。

**多様なトラス** Assorted trusses
橋床下が格子形（ラティス）トラス構造の進入路とちがって、橋の中央部は橋床上にあって両端を橋脚上で単純に支えるアーチ形の弓弦トラスで構成される。運河の航行に対応するために、このように配置することで橋脚間の距離や水上の橋床の高さを伸ばして空間を増やしている。

**トラス桁**(下図) Truss beams
橋の中央部への進入路では4つの平行な鋼鉄製ラティストラスが橋床を支える。トラスは十字筋かいによって安定し、トラスの両端は荷重を2本の橋脚へと下に伝える鋳鉄製の防護壁上に位置する。

**継目** Joint
ラティスを形成する個々の部材はリベットで固定される。斜材の交差部に取り付けられる小型の垂直部材がトラスを補強する。個々の桁の間にある伸縮継目は橋脚上に位置し、これが連続桁橋ではなく単純桁橋であることを示している。

# ポンチャトレイン湖高速道路橋

　長距離の橋に単純桁を用いる経済的利益について、ルイジアナ州のポンチャトレイン湖高速道路橋ほどよく表している場所はない。この幹線道路は2本の全長約40kmの平行な道路橋（北行きと南行き）で構成され、一方は1956年に、もう一方は1969年に建築された。船舶が航行できる中央跳開部を除き、両方の橋は全長にわたってコンクリート製橋脚上で単純に支持されるプレストレスト鉄筋コンクリート桁を用いて建築されている。各桁をプレハブ工法で組み立てて、はしけで現場へ運び、そこで浮きクレーンで橋脚上に吊り上げた。

**プレハブ工法** Prefabrication
この長い橋の建築に、プレハブ工法で組み立てた鉄筋コンクリート部を使用すれば、各部を別の場所で組み立てた後、比較的簡単で安価に所定の位置に固定できるため、工期と経費を大幅に削減できる。

### 伸縮継目 Expansion joints

端から端まで多数の桁が並び、橋が伸縮するための桁間の間隙はごく小さなものでなければならない。各桁の一端は橋脚上で支えられる垂直の横桁上でしっかりと固定され、もう一端は支間方向に自由に伸長する。

### 橋 脚 (左図) Piers

両方の橋には9,500以上もの鉄筋コンクリート製橋脚が使用された。これらの橋脚は橋の中央部への進入路以外は2本1組で配置され、中央部ではさらに高い橋脚を3本1組で配置して橋の強度を高めている。橋の各部は1組7桁を支える一対の橋脚で構成される。

### 通 路 Gateways

広大な水路上に架かる長い橋には、全幅にわたる船舶航行用空間は船舶には不必要であり不経済であるため、ほとんど設けていない。したがって多くの長距離水上橋は低く建築して、上昇部または可動部を設置して大型船が航行できる通路を設けている。このためポンチャトレイン湖高速道路橋の中央には高架跳開部（p.49参照）がある。

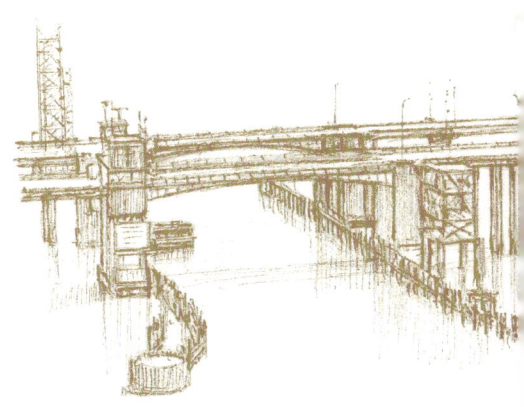

# チェサピーク・ベイ・ブリッジ

**ハイブリッド橋**
Hybrid structure
チェサピーク・ベイ・ブリッジには、鉄筋コンクリート製桁式（前景）、鋼鉄製トラスの片持ち梁式（中央）、吊式（背景）の3種類の橋梁方式が採用されている。

　ヴァージニア州チェサピーク湾の全長28kmの橋は1964年完成当時、世界で最も複雑な橋梁トンネル方式の1つだった。橋の主要部は975mの吊橋で、それに鋼鉄製の片持ち梁式トラスが続く。この方式には全長1.6kmの2つのトンネル部もある。橋の大部分はトレッスル橋脚上の鋼鉄製トラス桁とコンクリート製桁で構成される。第2の橋はチェサピーク・ベイ・ブリッジ-トンネルと平行に建築され、1999年に開通した。

### 片持ち梁 Cantilever beam

橋の吊橋部への進入部分の特徴は鋼鉄製片持ち梁式トラスである。トラス部材は桁の役割を果たすが、概観図に示すように、支持橋脚上で片持ち梁形状を示す。これらの部材の目的は橋床を海面上わずか12mの低い位置にあるトレッスルから56mの空間のある吊橋部へと持ち上げるためである。

### プレキャスト桁（下図）Precast beams

プレキャスト鉄筋コンクリート製桁が橋のトレッスル部全域で橋床を作り出している。各橋床部は荷重を地面に伝える両端のコンクリート製トレッスル橋脚上で支えられた3つの桁で構成される。桁はプレキャスト工法により陸上で組み立てられ、海上へ移送されて浮きクレーンで所定の位置に吊り上げられる。

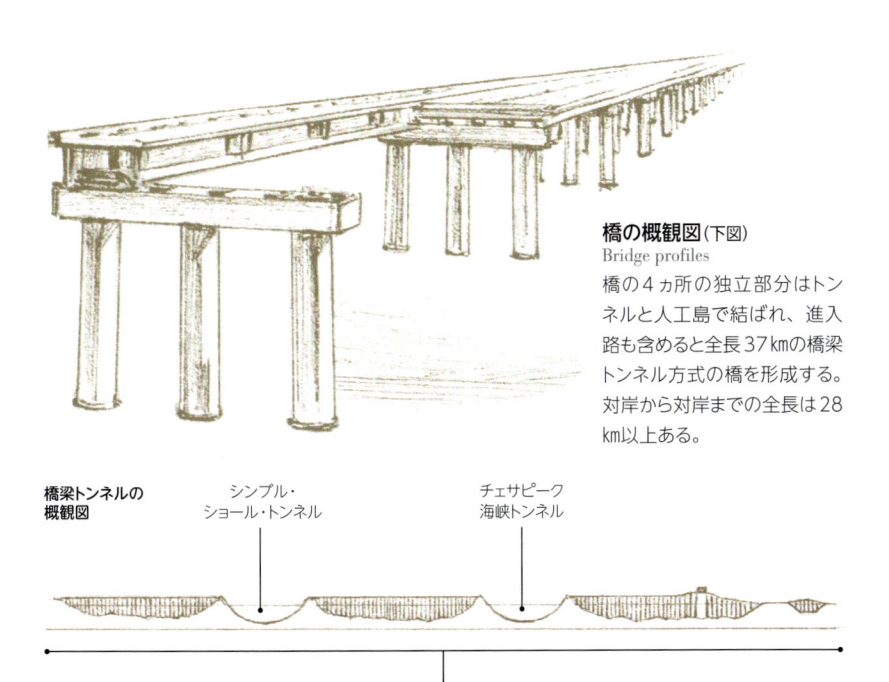

### 橋の概観図（下図）
Bridge profiles

橋の4ヵ所の独立部分はトンネルと人工島で結ばれ、進入路も含めると全長37kmの橋梁トンネル方式の橋を形成する。対岸から対岸までの全長は28km以上ある。

橋梁トンネルの概観図

シンプル・ショール・トンネル

チェサピーク海峡トンネル

対岸から対岸まで 28km

# メトラク橋

**延長された橋床**
Extended deck
メトラク道路橋の橋床は桁の端部を越えて伸長し、桁の側部から突出する片持ち梁ブラケット上で支えられる。鉄道橋の橋床はあまり突出していない。

　メキシコのメトラク川に架かる鉄道橋と道路橋は2種類の連続桁である。最初に建築されたのは高さ128mの鋼鉄製道路橋で、1972年に開通した。この橋は一連のコンクリート製橋脚上で支えられて4車線を支える連続鋼桁を用いて建築された。2本の橋脚間の最大支間は122mである。高さ130m以上、2本線路の鉄道橋は1984年に開通した。橋床はコンクリート製箱部で、5本の橋脚間の最大支間は約90mである。

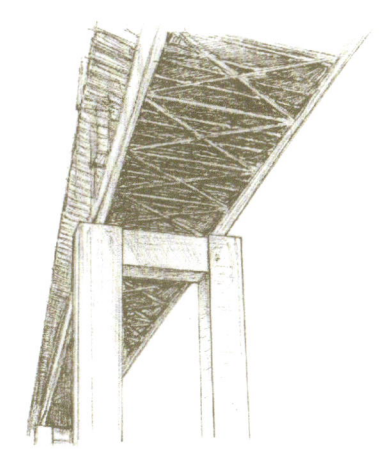

**桁と橋脚**(左図) Beam and pier
鉄道橋の幅の狭い桁は単純橋脚で支えられる。より幅の広い道路橋の橋脚はその頂部に横桁が2本1組で連結して配置される。荷重は桁の両側を形成する鋼桁を通って各橋脚上に直接伝わる。橋脚と接するI型の桁の底部のわずかに分厚い部分が桁の底部を補強している。

**連続桁**(右図) Continuous beam
鉄道橋の橋床はコンクリート製の連続桁である。橋脚は橋の底部に向かって先細りになり、まず橋脚を建築してから各桁を平衡片持ち梁として建築して、支間の中央で連結した。

**鋼 桁**(左図) Steel girder
鋼桁の桁高は支持橋脚間の支間長によって決まる。この連続鋼桁は個別に建築された後で溶接され、横十字筋かいによって内側で固定されている。横と斜めの十字筋かいにより鋼桁は安定している。

109

# ARCH BRIDGES
## アーチ橋

　アーチ形にかかる垂直力は曲線を通って両側の橋台内へ伝わる。橋の強度はアーチ形状と、垂直推力と水平推力に対抗する橋台の性能に左右される。尖頭形、円形、弓形であれ、従来のアーチ形はいずれも曲線状または階段状の側面を通って垂直力を橋台に伝える基本的役割を果たしている。アーチ橋には次のようなさまざまな様式がある。上路アーチ橋はアーチ形の上で直接水平な橋床を支えている。下路アーチ橋は橋台の間で水平の橋床をアーチ形から吊って支えている。

中路アーチ橋は同様の原理を用いるが、この場合橋床は橋台上のアーチ形を貫通する。タイドアーチ橋はアーチ形内部で水平力に対抗するため橋台は不要である。その代わりにこの水平力は、弓が両端を弓弦に結び付けて形状を維持するのと同様に、アーチ形と結合する橋床内の引張力と対抗する。他の種類のアーチ橋とはちがって、タイドアーチ形は橋台に頼らずに橋を支える。

**ポン・デュ・ガール**
Pont du Gard
フランスのポン・デュ・ガールの支持橋脚が頂部から底部まで垂直に整列している様子に注目されたい。これらの均整を保つために、大きなアーチ形の横幅にはその上に小型アーチ形が4つ乗っているものや、3つ乗っているものがある。

# アルカンタラ橋

**迫石**(せりいし) Voussoirs
アルカンタラ橋の各半円アーチ形の迫石は、橋の他の部分に用いられる水平層の石材とは対照的に放射状に並んでいる。

　ローマ皇帝トラヤヌス帝の命で建築されたスペインのテグス川(タホ川)に架かる橋の中央アーチ道には、ラテン語の引用で「われは永遠に続く橋を建築した」と記されている。ここ数百年で何度か破壊事件は起きたが、トラヤヌス帝の野心ある主張は正しいことが証明されている。西暦106年に完成し、6つの半円アーチ形(そのうち3つは川に架かる)で構成されるこの石造建築物は、約2000年もの間その場に建っている。

### 流線形 Streamlining

流れの中に建つアーチ形を支える石造橋脚は必然的に頑丈である。川の氾濫時の抵抗を抑えるために、各橋脚の上流側の面は先細りの流線形状である。下流に面する橋脚の側面が流線形ではないことに注目されたい。円形の控え壁がこれらの各流線形部から橋の高さ全域に伸びて、橋の両側に横方向の剛性を与えている。

### 凱旋門 Triumphal arch

橋の中央には小さな凱旋門が建っている。この小型で横向きアーチ形の側面は、橋に横方向の強度を与え、橋脚を介して力を石造土台へ伝える控え壁上に位置する。

### 左右対称 Symmetry

6つの半円アーチ形は左右対称に建築されている。一番外側に小型アーチ形があり、2つの中型アーチ形が続き、そして橋の中央部には2つの最大アーチ形が川に架かっている。

*113*

# 趙州橋（別名：安済橋）

**装飾** Decoration
古来、中国の橋の多くは装飾的モチーフや小型の楼閣で装飾された。ここでは華麗な石造欄干の頂部を柱の彫像が装飾している。

　西暦595〜605年間に中国河北省で建築された趙州橋は世界最古の石造のオープン・スパンドレル橋である。幅9m、全長50mのこの橋は径間長約37mの弓形アーチで、橋の軽量設計はその時代では驚嘆に値する。その浅い円弧とオープン・スパンドレルが石橋を最小化して橋の死荷重を削減した結果、橋台の大きさとアーチ上の力を縮小した。石灰石と鉄製の蟻継ぎの併用も非常に画期的である。

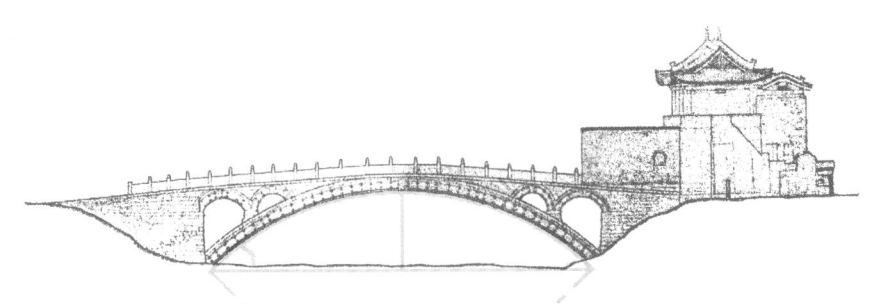

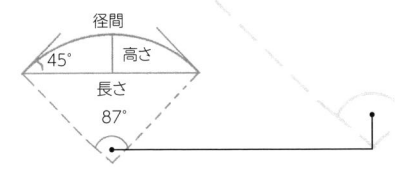

### 支間(径間)長比 (上図、左図)
Length-to-span ratio

趙州橋の円弧は約87度で半径27mである。浅い円弧のため橋の支間長比は約1：1で、より深いアーチ形に比べて橋は軽量となる。深いアーチ形では橋床の急な迫高に対応するためにさらに多くの材料が必要となる。この橋の側面図は細長いアーチ上の橋床の製造に必要な石がいかに少ないかを表している。

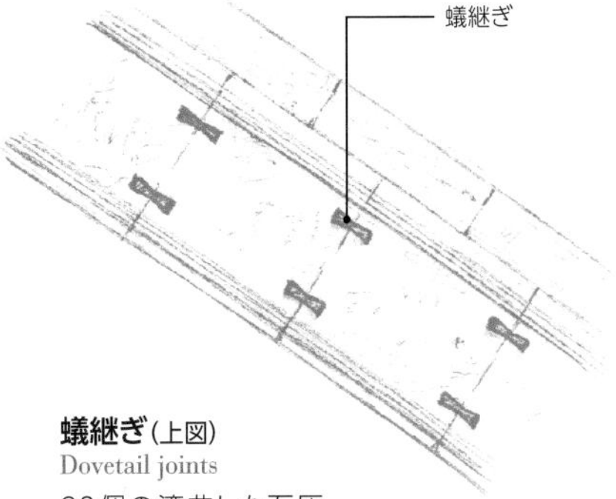

### オープン・スパンドレル (下図)
Open spandrels

アーチ形の両側にある2組の二重半円アーチ形のオープン・スパンドレルは、橋の重量を約770トン削減し、橋の自重による崩壊を未然に防ぎ、さらに洪水時の水流を内部に通過させる役割も果たす。

### 蟻継ぎ (上図)
Dovetail joints

28個の湾曲した石灰石の迫石間にある鉄製の蟻継ぎが橋を補強し、弓形アーチの分離を防ぐ。

# 盧溝橋

### 干上がった川
Dry river

永定河は比較的最近まで盧溝橋の下を流れていたが、北京一帯の引水により、現在では川床はつねに干上がっている。

　最初12世紀に建築された中国の盧溝橋は1698年に再建された。有名なヴェニスの旅行家が高く評価したと伝わることから、中国以外ではマルコ・ポーロ橋として知られる。全長266m、幅9mのこの橋は、土手の橋台間の10ヵ所の石造橋脚上に並ぶ11個の花崗岩の弓形アーチで構成される。橋床沿いの石造欄干の柱上に獅子の彫像が設置されている。1937年7月に日中戦争の発端となった中国軍と日本軍の間の「事件」が起きたのはまさにこの橋の上である。

**弓形アーチ** Segmental arch
弓形アーチには半円形の一部だけを形成する曲線がある。盧溝橋には荷重を橋脚に伝えるくさび形の迫石で構成する11個の弓形アーチがある。アーチ形の間のスパンドレルには水平の薄い石材が詰まっている。

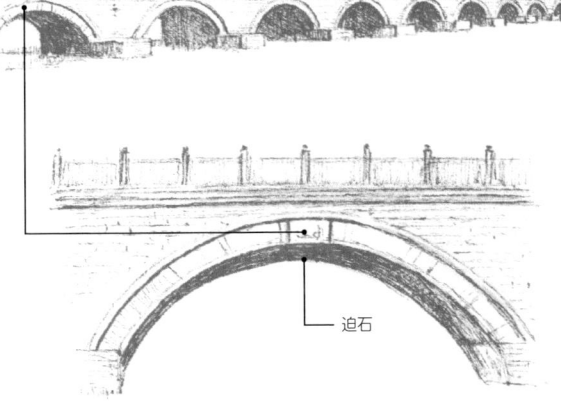

— 迫石

**流線形の橋脚** Streamlined piers
橋の上流側の橋脚は、かつて橋の下を流れていた川の力から橋脚を守るために、先が細く設計されている。先端には水や氷から石造建築物を守る鉄棒も備わっている。

**装飾品** Ornament
280本の欄干柱にはおびただしい数の獅子の彫像があり、その数は約482～496体程度だが、確かな数は定かではない。獅子はどれも異なり、その姿形は製作年代を表している。

# 悪魔の橋

**再建** Reconstruction
ローマ時代の基礎上に建築されて7世紀存続したリョブレガート川に架かる中世の悪魔の橋はスペイン内乱中の1939年に破壊された。1965年には以前の設計に忠実に再建された。

　スペインのカタルーニャ地方のリョブレガート川のこの地域にはローマ時代から1本の橋が架かっている。中世の石工たちは1283年に新しい橋を建築しようとローマ時代の基礎を利用した。この橋には2種類のアーチ形があることが特徴である。一番小さなアーチは橋の東端にスパンドレルが開いている幅の狭い半円アーチ形である。中型のアーチと最大のアーチは尖頭アーチ形である。橋の形は橋に架かる荷重を反映し、荷重は、橋の幅が最も狭い主要径間の中央で最小となり、橋台が支える外側径間に向かって増加する。

**凱旋門**(左図) Triumphal arch

橋の東端にはローマ時代の凱旋門が建っている。ローマ帝国のいたるところで、このような特徴のある門が重要な土木建築物に建てられるのは一般的だった。中世の橋を建築した基礎にはその他のローマ時代の遺跡が使用された。

**礼拝堂**(右図) Chapel

尖頭アーチの頂部には礼拝堂が建っている。この半円アーチ形の石造建築物は橋の顕著な特徴であり、東の橋台上にある凱旋門とよく似ている。アーチ形と礼拝堂の傾斜した屋根の間の厚みは薄く、主要アーチにかかる荷重を減らす役目を果たしている。

**尖頭アーチ**(左図) Pointed arch

主要アーチの径間長は約37mで、その尖頭形は建築当時のゴシック建築の影響を表している。より小型の尖頭アーチの径間長はさらに短い約19mである。

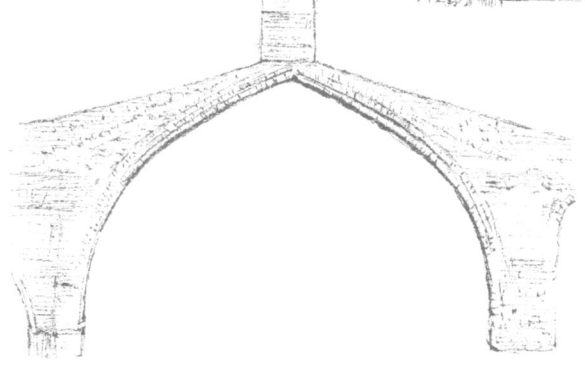

# ヴェッキオ橋

**橋に住まう**
Living bridges

ヴェッキオ橋には花屋から皮なめし業者まであらゆる種類の商店が集まってきた。1593年には宝石商だけが橋上での商いを許可された。現在では人々は、支柱で支えられた側面に張り出す商店の上の集合住宅に暮らしている。

半円アーチ形の上に弓形アーチや平アーチを重ねる利点はそれらアーチ形のより効率的な迫高（ライズ）スパン比である。14世紀の建築家タッデオ・ガッディは、以前ローマ人が好んだ半円アーチ形ではなく弓形アーチを使用することで、1345年イタリア、フィレンツェのアルノ川に架かる、橋脚がわずか2本のヴェッキオ橋の建築に成功した。橋脚が少ないことは、船舶の往来や洪水時の障害物が少ないため、さらに効率的だった。橋床の幅は32mで、つねに商店や市場の露店が並んでいる。16世紀後半から19世紀初頭にかけて、この橋には他の建築物がつねに増築されていった。

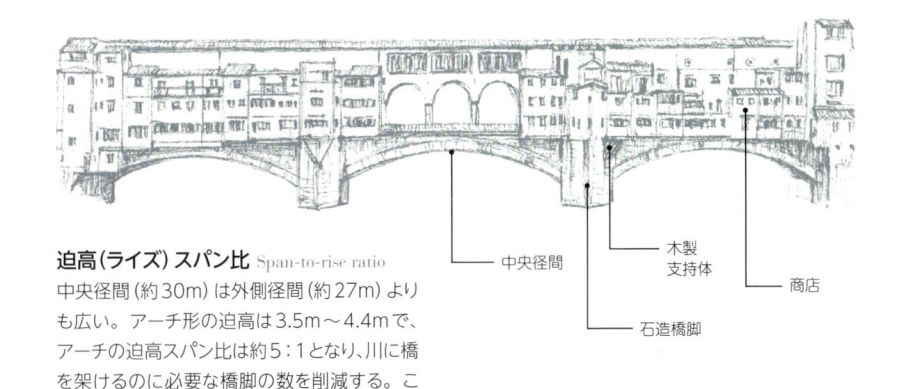

中央径間 ― 木製支持体 ― 商店
石造橋脚

### 迫高（ライズ）スパン比 Span-to-rise ratio
中央径間（約30m）は外側径間（約27m）よりも広い。アーチ形の迫高は3.5m～4.4mで、アーチの迫高スパン比は約5：1となり、川に橋を架けるのに必要な橋脚の数を削減する。このため洪水に対する橋の抵抗は小さくなり、川の航行への障害物は最小限に抑えられる。

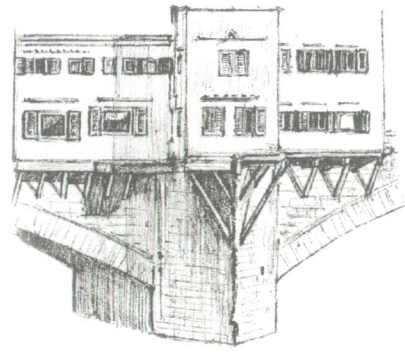

### 迫り出す橋脚 Profiled pier
各橋脚の表面は特に川の氾濫時の水流に対する抵抗を抑える形に造られている。この橋は1966年の洪水で危うく崩壊するところだった。この洪水により多くの建物が流出したが、水の高さは一連の小窓が特徴の、最上階を横切る廊下には達しなかった。中央の3つの大窓は1939年にベニート・ムッソリーニによって造られた。

# パルトニー橋

## 美しい橋
Picturesque
パルトニー橋は全長にわたって端から端まで両側に建物が並ぶ4つの橋の1つである。南側正面は前景の3段の滝とともに絵画のような美しい景観を作り出している。

　バースの中央を流れるエイヴォン川に架かるパルトニー橋（1773年）は、イタリア・ルネッサンス様式の屋根付橋、特にヴェニスの大運河に架かるリアルト橋のためにアンドレーア・パッラーディオが設計した未実現の設計に対する英国の回答である。古典建築の再発明に影響を受けたスコットランド人建築家のロバート・アダムが、当時川の対岸に存在した未開発の土地とバースの町を結ぶアーチ形の石橋を設計した。この橋は3つのアーチ形を支える2本の流線形の橋脚上で川に架かっている。

### 商店 (上図) Shops
道路に面する橋の内側正面には小さな店がずらりと並んでいる。この内側正面は橋が最初に建築されて以来、何度も改築されてきた。

### 発展 (上図) Evolution
アダムが最初に設計したパルトニー橋は19年間続いた。橋の正面は拡大する店に合わせて1792年に改築され、1799年には深刻な洪水が橋に損傷を与えたために実質的な再建を余儀なくされた。その後橋は発展を遂げ、店舗は片持ち梁式支持体上の北側正面から突出していった。その結果、南側に今も見られる本来の左右対称設計とは対照的に北側は無秩序な外観となっている。

### 都市計画 Urban planning
パルトニー橋の建築は18世紀のバースの災害に強い都市開発の重要な案件だった。新しい町の多くは建築家ジョン・ウッド父子の古典的系統に沿って設計された。アダムは独自の設計にこの伝統を受け継いだ。

# マイダンヘッド鉄道橋

**工学技術の驚異**
Engineering marvel
ブルネルが設計した橋の2つの主要径間の幅は当時では工学技術の驚異だった。この橋よりも古いマイダンヘッド道路橋（1777年）の13個あるアーチ形の3つが背景に見える。

　イザムバード・キングダム・ブルネルは英国のグレート・ウェスタン鉄道の主任技術者の任務を受けて、1838年ロンドン西部のマイダンヘッドに世界最長で最も平坦なアーチ橋を設計した。グレート・ウェスタン鉄道の取締役会は、そのような浅いアーチ形建築物が鉄道の重加重に耐えられることはもちろん、建っていられることについても納得しなかった。その結果、彼らは建築中に2つのアーチ形を支えた木製の枠組をその場所に残すように主張した。ブルネルは構造上機能しないように枠組をわずかに低くしたために、その後まもなく洪水で流されたと言われている。この特徴的な煉瓦橋はそれ以来今なお健在である。

## 連続するアーチ形
Arch series

橋全体は8つのアーチ形で構成される。川の上で主要径間を形成する2つの浅いアーチ形は、両側の土手の地面上にある3つの小型半円アーチ形に脇を固められている。

**アーチ幅**(右図) Arch width
当初の設計ではブルネルの軌間幅が広い2本の鉄道線路に対応していたが、後に英国では幅広軌間は廃れて、より幅の狭い標準軌間が主流となった。後にこの煉瓦橋は軌間の狭い4本の線路を支えるために幅が広げられた。

## 平坦なアーチ橋 Flat arch
アーチ形の連結長や平坦性から、この橋はそれぞれ39mの2つの径間でテムズ川を横断することができ、一方で、より高いアーチ形が作り出す鉄道の急勾配を避けた。全体の迫高は約7mである。

# プルガステル橋

**架け替え**
Replacement
新しい斜張橋（この写真の背景に見える）が古いプルガステル橋の隣に建築され、旧橋は現在では歩行者、自転車、トラクター専用となっている。

　フランス北西部のエルロン川に架かるプルガステル橋（1930年）の3つの大きな弓形アーチの建築には鉄筋コンクリートが使用された。土木技師ウジェヌ・フレシネーが設計したこの二層式（ダブルデッキ）の橋はかつて車両と鉄道が両方通行していた。トラス部は鉄道用の下部橋床である。主要橋床はアーチ形の頂部が支えている。アーチ形の1つは1944年にドイツ軍によって破壊されたが、後に幅を広げて再建された。

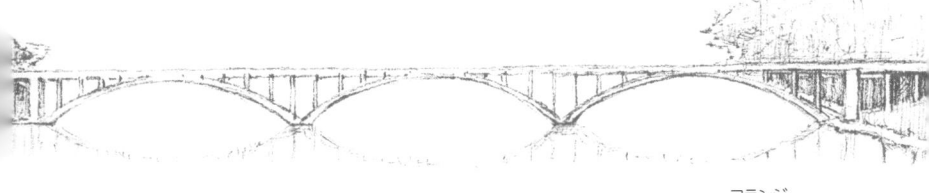

### 重要な統計 Vital statistics
各アーチ形の径間長は188m、迫高は27mで、迫高スパン比は7：1となる。橋の全長は888mである。

### 主要橋床(右図) Main deck
5本の平行な鉄筋コンクリート製桁が橋の進入路部沿いの上部橋床を支えている。外桁の外側と橋床の間にあり、幅9mの張り出した橋床から桁へ荷重を伝えるフランジ(棟)に注目されたい。

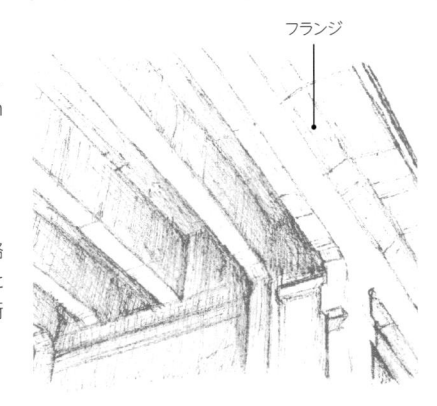

フランジ

### 中空の箱桁 Hollow box
下部橋床の経路はアーチ形の頂上でふさがれているように見えるが、実際には中空構造であり通過できる。中空の箱形アーチの建築には浮き足場を使用した。コンクリートが固まるにつれて適当な強度が得られると、足場は除去できる。

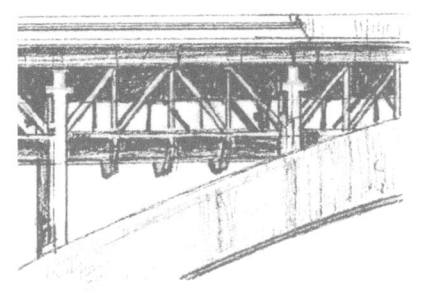

### ダブルデッキ Double deck
主要橋床下の一連のトラスはその下に第2の橋床を作り出す。主要橋床のコンクリート製建築物とその下の鋼鉄製トラスの両方は、荷重をアーチ形に伝えるオープン・スパンドレル内の細長い垂直のコンクリート製橋脚の間に架かっている。鉄道橋の下にあって、橋脚間の橋床を補強する横筋かいに注目されたい。

# ザルギナトーベル橋

**経済的な設計**
Economical design
ロベール・マイヤールがコンペで勝利したザルギナトーベル橋（1930年）用の設計はその洗練された形ではなく、その経済性により成功した。全参加作品の中で建築費用がもっとも安価な設計だった。

スイスのザルギナ渓谷に架かるロベール・マイヤール設計の全長約135mの橋（1930年）は橋梁建築に鉄筋コンクリートを使用して変革の先駆けとなった。この橋は鉄筋コンクリート製橋床がその約90mの径間で重荷重に耐える経済的な工法で有名である。コンクリート製ヒンジを橋の基礎、アーチ形の頂部に埋設して3ピン構造を作り出している。この橋は両端間の高低差が約4mあり、わずかに傾斜している。

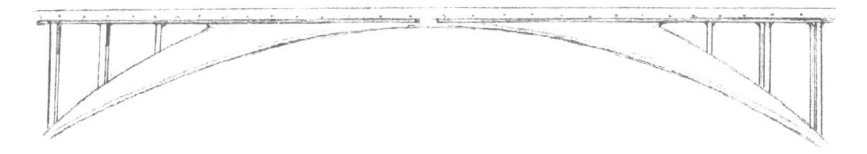

### 3ピンアーチ　Three-pinned arch
3ピンアーチには、中央部での水平推力や曲げモーメントの決定が難しい2ピンアーチや固定アーチよりも有利な点がいくつかある。3ピンアーチ構造は正確に計算で求められる。また建築期間中や、開通後の伸縮やクリープが誘発する連動運動にも有利である。

### 構造上の効率性(下図)　Structural efficiency
アーチ形の個々の部材は建築物の効率性を示す。アーチ形は橋台で幅広となり基礎にかかる荷重を消散する。アーチと橋床に挟まれる橋壁は径間の1/4部分で高さを増して、曲げモーメントの分散を反映させる。橋床を支える等間隔に並ぶ柱は橋を補強する細長い平板で横に連結されている。

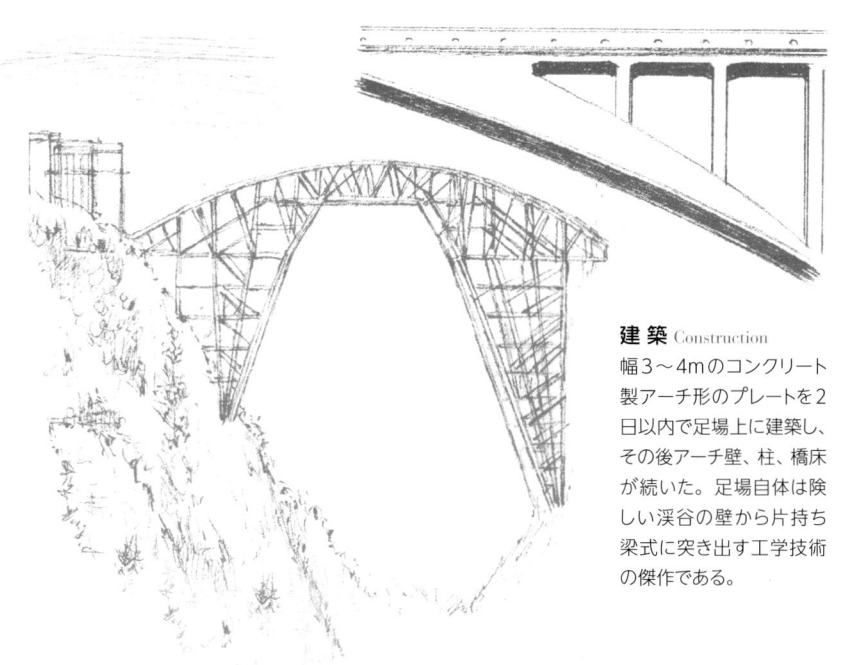

### 建築　Construction
幅3〜4mのコンクリート製アーチ形のプレートを2日以内で足場上に建築し、その後アーチ壁、柱、橋床が続いた。足場自体は険しい渓谷の壁から片持ち梁式に突き出す工学技術の傑作である。

# シドニー・ハーバーブリッジ

**アーチの厚さ**
Arch thickness
シドニー・ハーバーブリッジのアーチ形の厚さは、荷重が最小となる頂部の約18mから、荷重が最大となる進入道路端部の約57mへと変化する。

　海抜134mにそびえる支間長503mのシドニー・ハーバーブリッジ（1932年）は今なお世界一高く幅の広い鋼鉄製アーチ橋である。58,000トンの鋼鉄と600万個以上のリベットで建築したこの2ピンアーチ橋は、十字筋かいで結合した2つのトラスアーチ形で構成される。橋床は各トラス部の垂直部材の下から下がるハンガーでアーチ形から吊り下げられている。橋床の幅はアーチ構造よりも実質的に広く、8車線の車道と、2本の鉄道線路、1本の自転車道、1本の歩道を支えている。

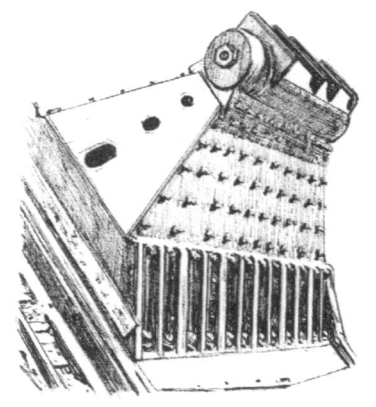

**中路アーチ形** Through arch
橋床は橋台上のアーチ形を貫通して中路アーチ形を形成する。花崗岩で外装したコンクリート製支柱がその基部以外はアーチ橋から離れている点と、そのために特に構造上機能していない点に注目されたい。

**橋 台** Abutments
橋の基礎は深さ12mまで掘り下げて約130万㎥の岩石を掘削した。そこに高級コンクリートを充填し、橋全体を設置する4本の巨大なピンを支えた。各ピンは幅約4m、厚さ36cmで、約22,000トンの推力に対抗する。ピンはヒンジでもあり、橋を伸縮・回転させ、橋の高さを約18cmまで変えられる。

**半アーチ形の建築** Half arch construction
アーチ形の各側を、工事の進行とともにアーチ形の上をゆっくりと進む電動クレーンを使って橋台から建築した。建築中に半アーチ形が転倒しないように、地面に固定した128本の鋼鉄ケーブルで半アーチ形を保持した。アーチ形はプラットトラス型の一例で、28個の各トラス部の斜材はアーチ形の中央方向へ傾斜している。

131

# ニューリバーゴージ橋

### 耐候性
Weathering
ニューリバーゴージ橋は塗装の必要がない耐候性鋼材の一種、COR―TEN（コルテン）鋼を用いて建築した。その結果、橋が建つ自然環境に調和して、自然なさび色に仕上がっている。

　1977年の完成当時、ニューリバーゴージ橋は世界最長のシングルスパンのアーチ橋であり、もっとも高度の高い水上アーチ橋だった。この2ピン‐鋼鉄製トラス式弓形アーチの径間長は517m、迫高は267mである。この橋は橋台からそびえる橋脚上の2ヵ所の伸縮継目で連続トラス橋床を支えている。橋床を支える鋼鉄製橋脚は等間隔に、渓谷側からアーチ形の向こう側まで立ち並ぶ。アーチ形を両側から同時に建築し、中央でアーチが接合するまで、各側とも鋼線で固定していた。

### アーチ部の長さ（上図）Arch section lengths

主要アーチの輪郭はわずかに先細りとなり、荷重が最大となる基部で厚みを増し、荷重が最小となる頂部で薄くなっている。同じく橋脚も基部から頂部へと先細りとなっている。十字筋かいで支えた支柱はトラス部の3番目ごとにアーチ形と結合している。橋の全長にわたって橋脚間の距離が等間隔となるように、これらのアーチ部の長さが変化している点に注目されたい。

### 基 礎（上図）Foundations

各アーチ部の基部は、鋼鉄の荷重や伸縮によって回転可能に鋼鉄で固定した結合部で構成される。この橋が、一連のリベット固定した鋼板を積み重ねてピン継手と接合する地点で補強されている点に注目されたい。

### デッキトラス Deck truss

トラス部の3番目ごとに先細り型支柱が支える連続貫通式の細分型ワーレントラス桁上に橋床を建築し、その下の縦横方向の十字筋かいで補強している。

133

# ブロークランズ橋

**環境への影響**
Environmental impact
ブロークランズ川に架ける手段として、周辺の自然環境に与える影響を最小限に抑えるためにアーチ橋が選択された。岩の多い峡谷の斜面はアーチ形の推力を支えるのに最適だった。

　南アフリカのブロークランズ川の水上216mにそびえるブロークランズ橋（1984年）はアフリカ最高のシングルスパン・アーチ橋である。支間長272mの鉄筋コンクリート製の上路アーチ橋は、谷底の上約150mの高さの谷壁に建築した基礎上に建っている。2本1組の細長い支柱が全長約450m、幅16mのコンクリート製橋床を支えている。アーチ形は基部や頂部にヒンジのない固定アーチである。アーチ形の頂部と橋床の間の空間には世界最高のバンジージャンプ設備がある（216m）。

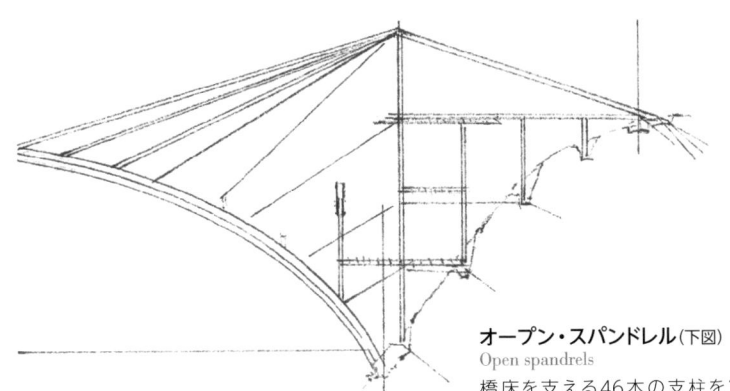

### 片持ち梁構造（上図）
Cantilever construction

この鉄筋コンクリート製の橋は吊式片持ち梁工法で建築した。峡谷の両側から各アーチ部を徐々に建築し、鋼鉄製ケーブルで基盤に固定した。アーチ形が中央で接合すると、拘束ケーブルを除去し、その後アーチの頂部に支柱と橋床を建築した。

### オープン・スパンドレル（下図）
Open spandrels

橋床を支える46本の支柱を2本1組で約20mの等間隔に配置している。支柱には3種類の長さがあるが、いずれも幅約2.5m、厚さ約0.9mである。肉眼ではちがいがほとんどわからないのは効率的な設計を追求した証拠である。

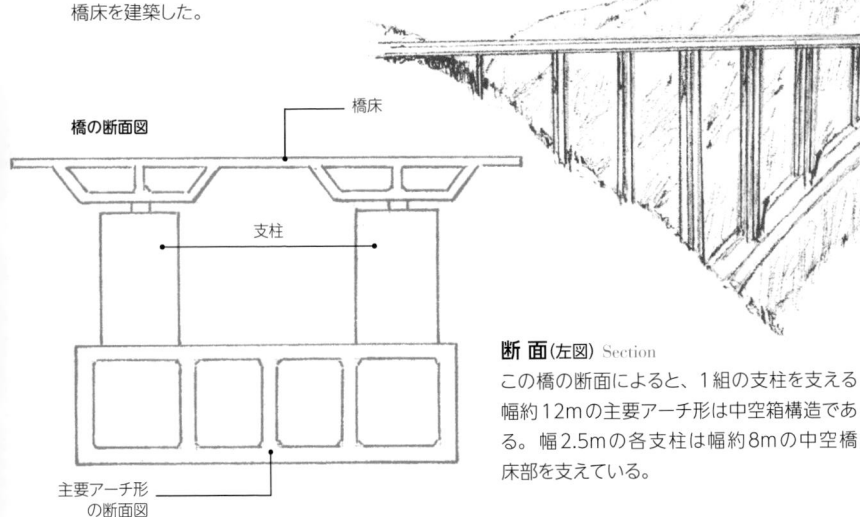

### 橋の断面図

橋床

支柱

主要アーチ形の断面図

### 断面（左図） Section

この橋の断面によると、1組の支柱を支える幅約12mの主要アーチ形は中空箱構造である。幅2.5mの各支柱は幅約8mの中空橋床部を支えている。

# 朝天門長江大橋

**弦** Chords
トラスの基本部材は間に垂直部材と斜材を配置した弦である。この橋の上弦と下弦は赤である。

2009年、中国南西部重慶市（世界でもっとも人口が多い都市）の長江に架かる朝天門長江大橋が世界最長アーチ橋となった。中路アーチ橋の主要径間は長さ552m、高さ142mで、ダブルデッキを支えている。この橋の主要径間は、側面と横方向の筋かいで補強した1組の鋼鉄製橋床を支持する2ピン式の鋼鉄製トラスアーチ形である。

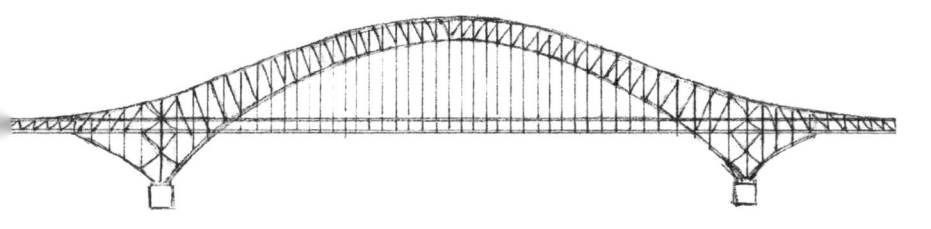

### トラスアーチ Truss arch

この橋の幅の広い上部橋床はアーチ形の両側面の外に伸長する。橋床を通過すると連続鋼鉄製トラス構造が見える。アーチ形が地面と接する場所で、トラスの斜材の方向が変わる点に注目されたい。方向を変えることで荷重を支持体へ戻す斜材の引張力を維持する。トラスの上弦部材と下弦部材は溶接した鋼鉄製箱部で構成される。

### ダブルデッキ (下図) Double deck

幅37mの上部橋床には6車線の自動車道路とその両側に2本の歩行者専用通路が通り、幅約30mの下部橋床には2本の鉄道線路と4車線の自動車道路が通っている。上部橋床を縦U形の肋材と下部橋床で補強し、下部橋床を先細り型鋼鉄製の柱で上部橋床から吊り下げ、横と斜めの鋼材で下側に筋かいを入れている。

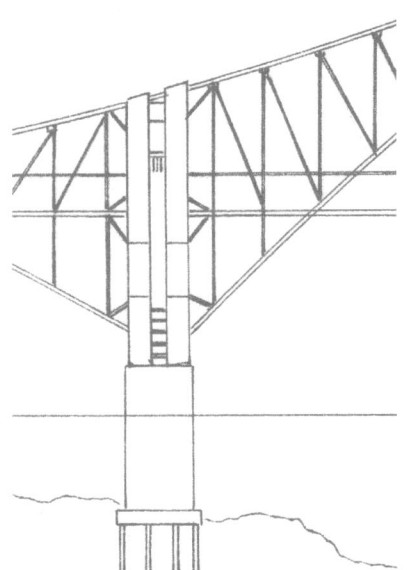

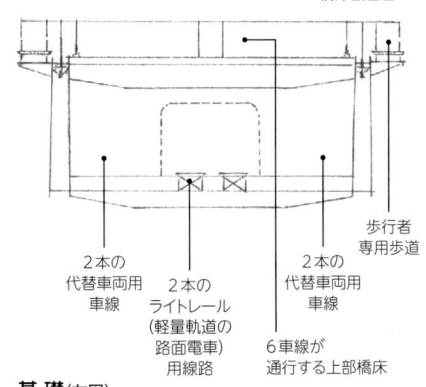

**橋床断面図**

- 2本の代替車両用車線
- 2本のライトレール(軽量軌道の路面電車)用線路
- 2本の代替車両用車線
- 6車線が通行する上部橋床
- 歩行者専用歩道

### 基 礎 (左図)
Foundations

基礎にはトラスを結合しているため、必然的に垂直荷重のみがかかることに注目されたい。これは水平方向の推力に耐える必要のあるアーチ橋用の橋台型基礎とは対照的である。

# TRUSS BRIDGES
## トラス橋

　トラス橋は三角形本来の強度が頼りで、個々の部材は圧力、張力、またはその両方（同時ではない）の影響を受ける。トラスの2つの基本的部材は2つの弦（上弦と下弦）と、トラスの一端から他端へ伸びるトラスの外側部材であり、一連の小型垂直部材または斜材が圧縮状態または引張状態で結合する。多数のトラス形状があり、単純な三角形から非常に複雑な格子形まで広範囲のさまざまな様式と外観を橋に与えている。

橋全体の枠組みにトラス部材を組み合わせることで、桁橋、アーチ橋、片持ち梁橋の機能を果たして橋を補強する。

　したがってトラス橋は、小川に架かる歩道橋を支える三角形のように単純にもなり、また海上に架かる多層式の鉄道・道路橋を支える一連の片持ち梁部のように複雑にもなりえる。

### キングストン-ラインクリフ橋
Kingston–Rhinecliff

ニューヨークのキングストン-ラインクリフ橋(1957年)は、ハドソン川上で10個の支間を作り出し、2車線を支える一連の多様なトラス様式で構成される。

# カフナン橋

## トラフ橋
Bridge of troughs

かつて水と石灰石を鉄工所へ運んでいた高架トラフを支えるために、トラスの頂点が欄干と接合するカフナン橋の構造上頑丈な地点から支柱がそびえたっていた。

　1793年にウェールズのタフ川に建築されたカフナン橋はトラス橋の初期の様式を示す好例で、世界最古の現存する鉄製の鉄道橋である。地元の鉄工所のために建築されたこの橋はかつて、下段に鉄道橋、上段に水道橋という、2本の独立した橋床で構成されていた。幅14mの橋床は幅約2m、桁高0.6mの鋳鉄製の中空箱桁で、両側にある2つの大きなA形構造のトラスに結合する3ヵ所の横桁が支えている。各トラスの頂点は支間中央の欄干の先端と接合する。

## A形構造のトラス (右図)
A-frame truss

A形構造の水平引張部材は、2本の斜材を橋床と同じ高さで結合し、両側で軸受けする橋床を横桁が支えている。A形構造の中央にある垂直部材は欄干の上に伸びて、水道橋を支える木製の支柱を固定する筋かいの役目を果たす。

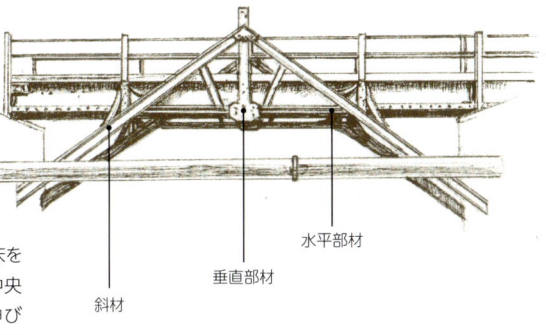

水平部材

垂直部材

斜材

## 鉄 工 (下図) Carpentry in iron
橋梁設計者ワトキン・ジョージは熟練した大工で、木橋を建築するかのようにこの橋を設計した。錬鉄部材製のほぞ継ぎと蟻継ぎは彼の以前の職業を表している。

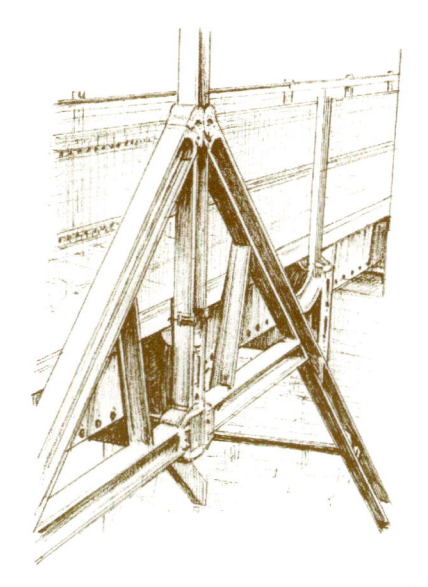

## 橋 台 (上図) Abutments
峡谷の壁は垂直の石造橋台で補強した。これらは橋台の頂部にある橋床から受ける垂直力と同じく、橋台より低いA形構造の斜材にかかる水平力も支えている。

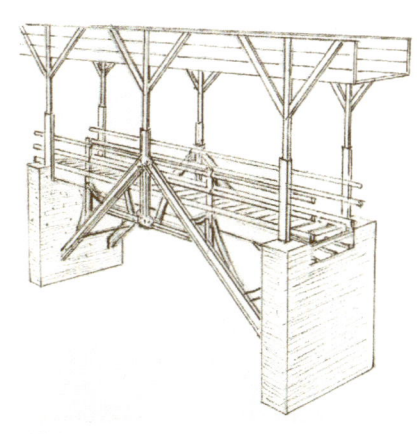

# ビュソー・シュル・クルーズ

**連続桁**
Continuous beam

ビュソー・シュル・クルーズの鉄道橋の橋床は連続ラティストラス桁である。これは橋脚上のトラス全域に継目がないため明白である。連続桁は桁高を最小限に抑え、単純桁の支間よりも効率的である。この桁を5本の橋脚と各端部の橋台が支え、その1つには3つの半円アーチ形が含まれる。6ヵ所の支間のうち4ヵ所は長さ50mであり、1ヵ所は45m、残り1ヵ所は約40mである。

ラティストラスは19世紀初めに最初に特許が取得された。ビュソー・シュル・クルーズにある鉄道高架橋（1863年）の橋床は桁の頂部にあり、その両側は45°の角度にリベット固定した平坦な錬鉄製部材を狭い間隔で平行に並べて建築されている。橋脚は谷底上にある石造基部上に建ち、橋の全長は338mで、総重量は16.5トンの塗料を含めて2,200トンである。

**橋床、橋脚、欄干** Deck, pier and railing

高さ約2mのラティストラスは橋床の壁を形成し、さらに幅8mの橋床の向こう側でも同じ壁を形成している。2本の垂直部材は橋脚上で支えられたせん断力の高い区画のトラスを補強している。

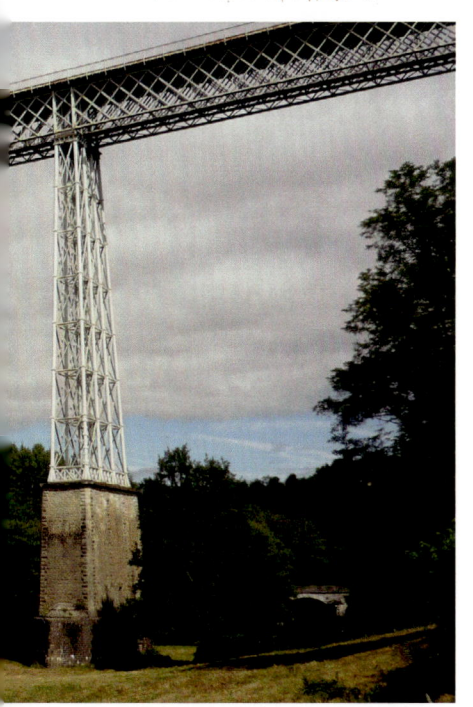

**先細り型橋脚**
Tapering piers

先細り型の錬鉄製橋脚は基部から橋床へと上昇するにつれて断面が小さくなる。支間周辺方向に向かって特に先細りとなっている。橋脚を区画ごとに建築し、その各区画は斜め筋かいで補強した横縞模様で区分される。区画間にあるボルト固定したフランジの細部に注目されたい。もっとも背の高い橋脚を支える石造基礎は高さ約18mで、その地点の橋の高さは56mである。錬鉄製橋脚の基部にフランジをつけてボルト収容部とし、石造橋脚に結合している。

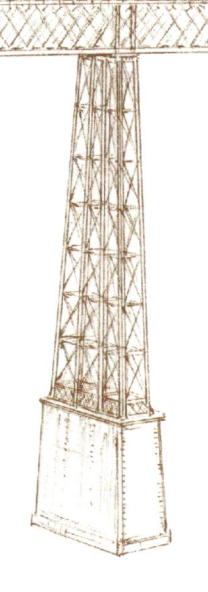

143

# ハウラ橋

**空間**
Clearance
ハウラ橋の幅30mの橋床(約4.5mの2本の歩行者専用道路の間に幅22mの車両用中央車線がある)には9mの水上空間がある。

　トラス橋は一般にトラス上(上路式)、トラス内(中路式)、トラス底面(下路式)で橋床を支えるが、インド、コルカタ(カルカッタ)のフーグリ川に架かるハウラ橋(1943年)の橋床は、大きな片持ち梁トラスの下に吊り下がっている。リベット固定した鋼材で建築した重さ22,000トンのこの橋は、2つの片持ち梁と吊り下がる中央部の3つの主要部で構成される。これら3つの主要部間には熱膨張と熱収縮が可能な継目がある。主要支間は457mで各片持ち梁部の塔は高さ83mである。

### 橋床(下図) Deck

橋床は主要構造の下弦から39組の垂直の鋼鉄製トラス部材で吊り下げられている。主要な片持ち梁部材に比べると、これらの「ハンガー」は圧縮状態ではなく引張状態で作用して座屈しにくいため、比較的細長くできる。

### アンカーアーム(下図) Anchor arm

橋床はトラスの下に吊り下げられているため、主塔部分で地面に達し、主塔の陸地側の片持ち梁部は橋床の荷重を支える必要がない。港大橋(p.151参照)ではKトラスの斜材が反対方向を向いているため、底部部材は圧縮状態で、上部部材は引張状態で作用する。さらに底部斜材は座屈力に対抗する筋かいとなっている。

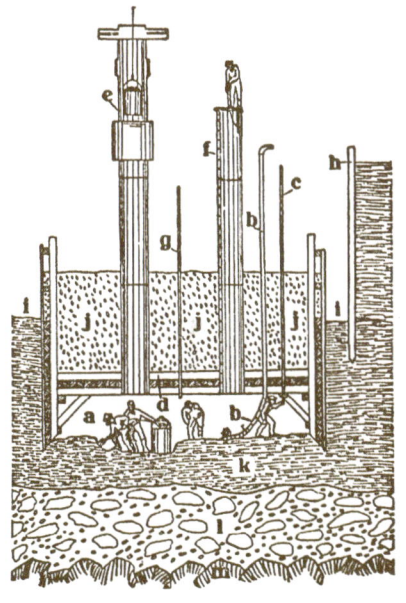

### ケーソン(上図) Caisson

ハウラ橋には世界最大の陸上ケーソンがある。ケーソンは川の中に沈設した小室であり、作業員が土砂を掘り出す空間を作るために空気が充満している。土砂を除去して適した基底層に到達すると、ケーソンが沈められる。この橋の巨大なケーソンは約30m以上の深さまで掘り進められた。水が充満しないようにケーソン内部の圧力を維持するために500人の作業員が雇われた。

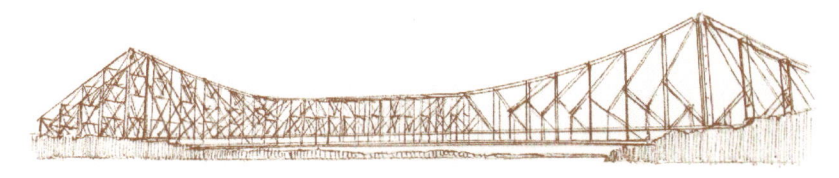

145

# キングストン-ラインクリフ橋

**締切り**
Cofferdams
橋脚の建設は1954年に始まった。基礎の建築には、大きな金属板を川床に埋設して囲いこみ空間を形成する締切りを使用した。水をポンプで汲みだしてコンクリートを注入して橋脚の基部を形成する。

　当初は吊橋を建築する予定だったハドソン川の土手の岩盤は、ケーブルを固定するには不適当であることが判明し、その代案として連続トラス桁で構成される橋が選ばれた。1957年に開通した幅10mで2車線の鋼鉄製トラス橋には、約150mの4つの中央支間と、244mの2つの主要支間、一部陸上にかかる4つの小型支間の計10ヵ所の支間がある。この橋の全長は約2kmである。

**軸受継手**(右図) Bearing joints
主要橋台間にある9本の各橋脚は、十字筋かいが入った先細りの一対の鉄筋コンクリート製支柱で建築されている。各橋脚の頂部にある2つの軸受継手はその外壁でトラスを支える。橋脚の8本は川の中の深い基礎上に建ち、1本は陸上にある。

**航行水路**(上図) Navigation channel
主要な航行水路のアーチ形の外観はさらに長い支間を示している。トラスはせん断力が最大となる端部でもっとも厚く、その外観からトラスは支持体上で片持ち梁の役目を果たしている。橋床は橋の全長にわたりトラスの頂部で支えられている。

**細分型ワーレントラス**(下図)
Subdivided Warren truss
橋の各部は細分型ワーレントラスを用いて建築されている。単純トラス桁部分もあれば片持ち梁トラス部分もある。橋脚上のトラス部間にある継手から、橋が全長にわたって連続トラスではなく、橋梁部分間で可動することがわかる。

# アストリア-メグラー橋

**工学的安全性**
Engineered safety
アストリア-メグラー橋は過酷な自然条件にさらされている。このトラス橋は荒れ狂う海上の嵐に耐えるように設計され、鋼鉄製の橋脚は伸長したコンクリート製の土台上に建って洪水で下流へ流されるがれきから橋を守っている。

ワシントン州にある主要部の全長6.5kmのアストリア-メグラー橋は北米で最長の連続トラス橋である。主要トラスは各端部の高さが異なり、コロンビア川に最大空間60m、支間長約376mの航行水路を形成する。進入路の支間は細分型ワーレントラス桁である。橋の大部分はプレストレストコンクリート製の低い単純桁で建築されている。

### らくだの背（パーカー）トラス（上図）
Camel-back truss

全体の橋梁システムは一連の異なるトラス構造で構成される。ワシントン州の海岸側では、この橋は7つの細分型ワーレン式のらくだの背（パーカー）形の単純下路トラスで構成される。らくだの背の名前は多角形の上弦特有の隆起した外観に由来する。

### 傾斜路（下図） Ramps

連続トラス部への進入路は5本のコンクリート製橋脚上で支えられた連続桁トラスである。高い連続トラスからプレストレストコンクリート製桁で建築した低部へ向かう進入傾斜路の急斜面には、支持橋脚上の橋床を固定するために何らかの水平抑制が必要である。

### 先細り型橋脚(右図) Tapered piers

K形筋かいの入った先細り型橋脚は連続トラス部を縦横両方向で支えている。先細りの急角度によってコンクリート製基礎の上に幅広の支持基部が生まれ、その支持基部はトラスの荷重を支えて、風荷重など横方向からのいかなる力に対しても基部を安定させる、刃先状に尖った先端へとそびえ立つ。刃先状の支持体は荷重や伸縮の動きに応じてこの場所でトラスを回転させることができる。

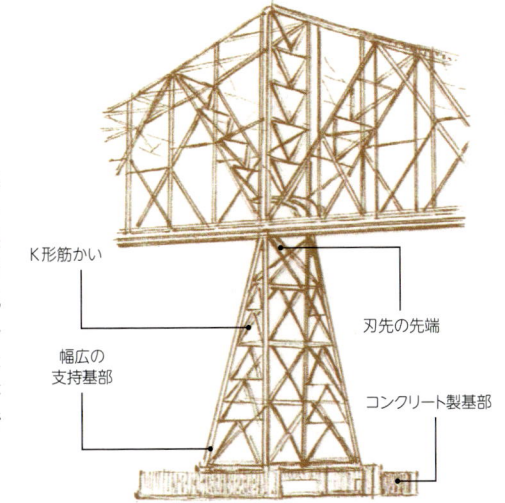

K形筋かい
刃先の先端
幅広の支持基部
コンクリート製基部

149

# 港大橋

**中路トラス橋**
Through truss

幅22mのダブルデッキをその下のトラス内で上弦と平行に収容する港大橋は中路トラス橋である。この40,000トンの橋は世界の片持ち梁橋の中で第3位の支間長を誇る。

　港大橋（1974年）は日本の大阪にある、ダブルデッキの鋼鉄製片持ち梁式中路トラス橋である。2つの大きな片持ち梁部を海岸線上の橋脚で固定し、水上に伸びて長さ約510m、高さ51mの支間を形成する。片持ち梁部の構造はKトラスで、支間中央の吊式トラス部にある単純プラットトラスに展開する。貧弱な下層土ではアーチ橋の重量を支えられないため、この特殊な橋の最適形状は片持ち梁トラスだと考えられた。

## Kトラス K-truss

片持ち梁中央部の両側にはKトラスがはっきりと見える。Kが片持ち梁の方向を向いていることに注目されたい。これはKの下側支持部がつねに引張状態で作用し、上側支持部が圧縮状態で作用することを意味する。Kの中央部が橋の下部橋床と一直線に並んで同じ高さを保つため、トラス部が狭くなると高さが低くなり、橋のもっとも狭い中央部ではプラットトラスに変わる点にも注目されたい。(p.144～145の「ハウラ橋」参照)

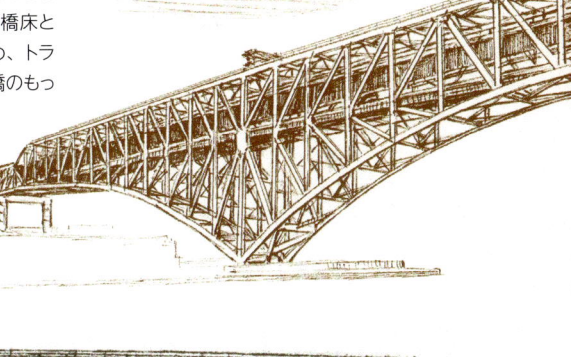

### アーチ橋ではない(上図)
Not an arch

外観からわかるように、港大橋の2つの片持ち梁部は、かなり大型の構造が必要だったアーチ形と比べて、実現可能な支間長を示している。橋の全長はトラス桁の進入路を含めて約983mである。

### 横の連結(上図)
Lateral ties

横方向のワーレン型トラスは橋の両側を連結し、構造を強化してねじれを防いでいる。

# 生月大橋

**再生可能エネルギー**
Renewable energy
生月大橋の橋脚周辺では水流の速度がさらに速く、再生可能エネルギーを発生させる理想的な場所となっている。

　主要支間長400mの生月大橋(1991年)は世界最長の連続トラス橋である。生月大橋よりも支間長の長いトラス橋は連続トラスで建築されずに、吊橋で中央部を支える片持ち梁部を備える。この橋のトラス部にはKトラスと中央部のプラットトラスを組み合わせている。

### 下路トラス(右図)
Through truss

この道路は、コンクリート製橋脚上で単純に支えられたコンクリート製桁の短い区間上の一端から橋に進入した後、下路トラス型のトラス構造内を通過する。

### 橋 脚(上図) Piers

日本の生月島と平戸島の間の開水域にある2本のコンクリート製橋脚は、トラスの外観がそびえ立つ地点で橋を支えている。各橋脚は、コンクリート製の薄い壁を重ね合わせて水平な耐荷重性桁でその頂部を連結した2本の支持脚で構成される。受材で受けた桁の外観は、橋床の外縁を横方向に抑止するために橋脚から突き出す片持ち梁工法を表す。

### 連続トラス(下図) Continuous truss

連続トラスとは、支持体上で反り(ホギング)モーメントと、中央支間で垂下(サギング)モーメントが発生する架橋桁構造と定義される。一見片持ち梁橋と似ており、一時的に2つの片持ち梁部として建築されることもあるが、その働きは片持ち梁とは異なる。主な相違点は、連続トラス橋は一体的構造形態の一部である中央支間の構造的耐力に依存する点である。

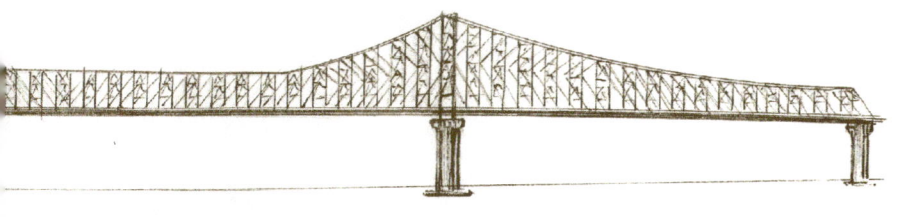

# ローマ広場歩道橋

サンティアゴ・カラトラバの設計で2008年に開通したヴェニスの大運河に架かるローマ広場歩道橋（2007～2008年）は、1本の中央アーチ形、2本の側部アーチ形、2本の下部アーチ形という5本のアーチ形部材で構成された鋼鉄製アーチ形トラス橋である。これら5本の管状鋼鉄製アーチ形を垂直の管状部材や鋼板部材が互いに連結して、5本の背骨に沿った肋骨のような複雑な骨格構造を作り出している。中央アーチ形と下部アーチ形が重要な支持部材である主要な背骨を形成し、2組の外側アーチ形が傾斜した橋床をさらに支えている。

### 静かな革命(左図)
Quiet revolution

この橋が建築される以前は、迫高スパン比7：1を超える橋はヴェニスにはなかった。支間長20m、迫高4.7mで迫高スパン比は16：1となり、ローマ広場歩道橋はヴェニスの橋梁設計の原理に静かな革命を巻き起こしている。

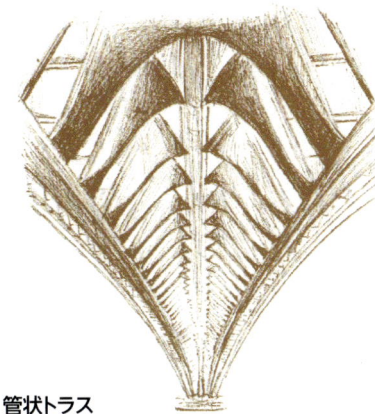

### 管状トラス
Tubular truss

小型の横部材または肋材は橋の支間中央から下向きに放射状に傾斜している。トラスに縦の三角形分割（垂直材と斜材の組み合わせ）がないため、これはフィーレンディール・トラスである。

### 空 間 (下図) Clearance

このシングルスパンのアーチ橋は直径約180mで、支間長約80m、水上空間7mの浅い円弧を形成する。このアーチ形を圧縮状態ではなく引張状態で作用するよう十分に頑丈にすることで、橋の上の歩行者は急斜面を上らずにすみ、下を航行する船の障害とはならない、という2つの矛盾する要求を解決した。

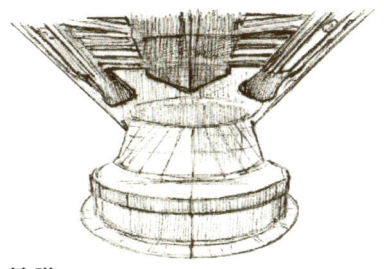

### 基 礎
Foundation

橋台は石造で覆われた鉄筋コンクリート製である。この彫刻を施した同一形状は、運河の両側に接地する際に橋のなだらかな円弧を補うように慎重に設計されている。

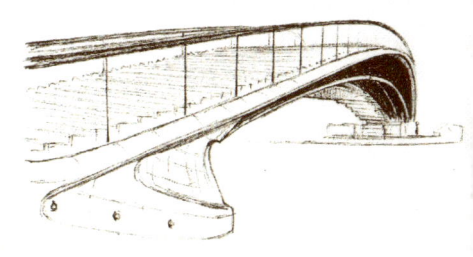

### ガラス製橋床 Glass deck

各段内に照明付のガラス階段のある、なだらかな上り勾配の橋床は、橋台から支間中央方向に幅が広がっている。上部に青銅製の手すりがついた透明なガラス板製の欄干は橋の軽量化とほっそりとした外観を保つ。

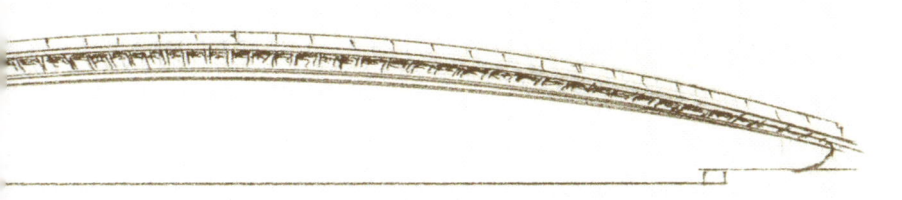

155

# OPENING & MOVING
## 可動橋

　可動橋は一時的に除去できる架橋手段をもたらす。可動橋のもっとも一般的な機能は背の高い船を通過させることだが、ごくまれな例では跳ね橋のような防御機能や、荷物を川の向こう岸へ運ぶ運搬機能、氾濫する川の流れから橋を除去する保護機能などがある。開動橋にはアーチ橋や桁橋といった特定の建築様式に限定せず、あらゆる形や大きさの橋がある。

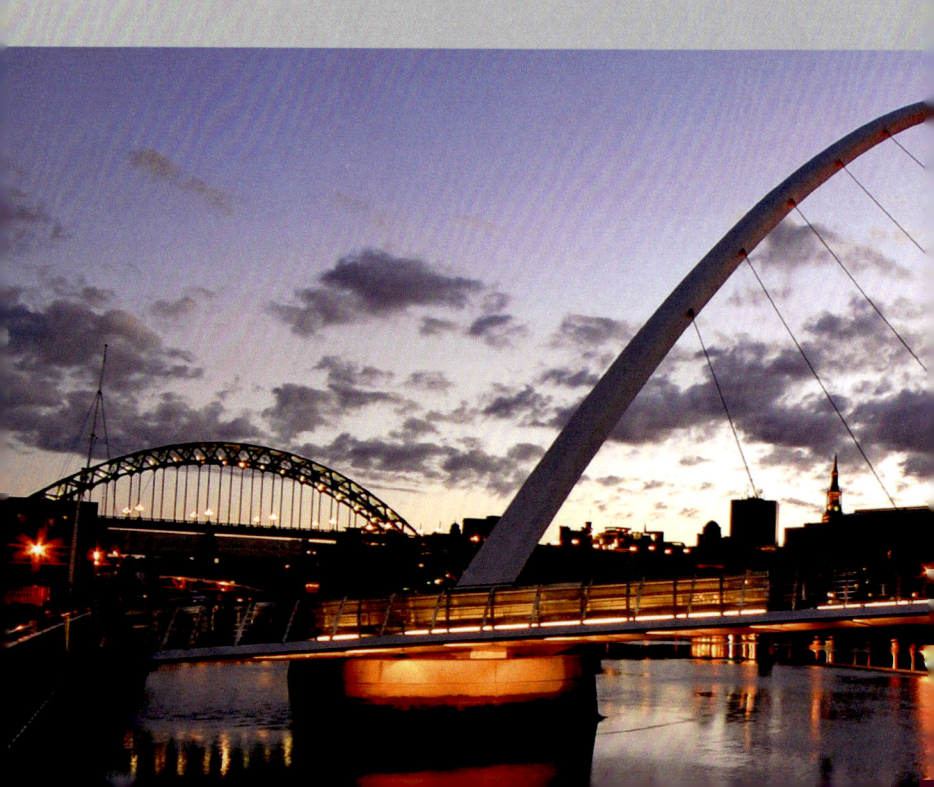

可動橋は他の種類の橋以上に、もっとも華々しい橋梁様式である設計革新の絶好機をもたらし、また可動橋では、可動部材を建築物上で移動させたり復元したりする力を駆使するため、複雑な工学的課題を示す場合が多い。世界中の可動橋には、上昇橋、下降橋、旋回橋、巻上げ橋や傾斜橋などさまざまな種類がある。

### ゲーツヘッド・ミレニアム橋
Gateshead Millennium Bridge

2001年に完成したイングランド北東部のタイン川に架かる、多数の賞を受賞したゲーツヘッド・ミレニアム橋は世界初で唯一の傾斜橋である。

# バートン旋回水道橋

### 十字筋かい
Cross-bracing
バートン旋回水道橋の旋回軸上のトラス中央部にある十字筋かいによって支持体は補強されている。水道橋は運河中央に特設した島上の中間部で旋回する。

　イングランド北西部のブリッジウォーター運河はマンチェスターに石炭を運ぶために17世紀中期に建設された。英国の急速な産業革命に対応して建設された初期の輸送動脈の1つとして、この運河は既存の自然水路や建設した輸送経路をうまく横断する必要があった。アーウェル川を横断するために石造水道橋が建築され、19世紀後期には旋回水道橋に架け替えられた──1894年開通当時にはその種類の橋として世界初で唯一の橋だった。1890年代のマンチェスター船舶用運河の建設により、従来の水道橋の下を流れる水路をはるかに大型の船が航行するようになり、橋の架け替えが必要となった。

**旋回軸**(上図) Swing pivot
水道橋の1,600トンの可動部は全長71m、幅7mの鋼鉄製下路トラスである。トラスの配列が典型的な単純ハウトラスである点に注目されたい。しかし片持ち梁形状のため、斜材は圧縮状態ではなく引張状態にある。

**双子の旋回軸** Twin pivot
マンチェスター船舶用運河のこの場所ではこの水道橋が唯一の旋回橋ではない。運河上の道路を支える隣の旋回橋が人工島を共有している。2本の橋は開放時には煉瓦造りの制御塔だけを間に入れて島上に一列に並ぶように、同時に作動する設計である。

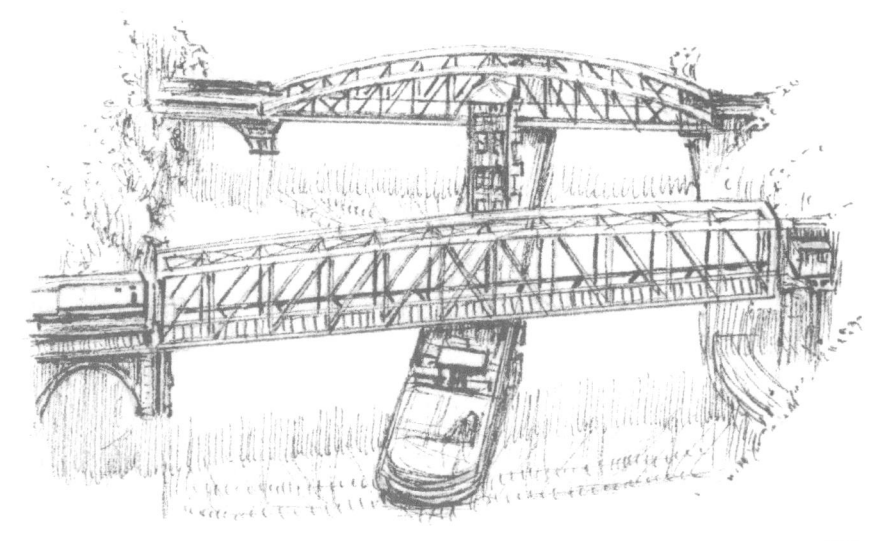

# タワーブリッジ

**なぜ必要か？**
Why the need?
タワーブリッジは背の高い船がタワーブリッジとロンドン橋の間のプール・オブ・ロンドンに到着できるように設計された。跳ね橋の閉鎖時の空間は約8mで、開放時は42mである。

　世界でもっとも有名な橋の1つは、ロンドンの歴史ある地区シティの東側境界のちょうど外側にありテムズ川に架かる。北側の河岸上にあるロンドン塔のすぐ近くにあるために名づけられたタワーブリッジは跳開橋と吊橋の組み合わせで、1894年に開通した。77,000トンのコンクリート製橋脚上に建つ塔の基部には跳開橋の仕組みが収容されている。完成当時は世界最大かつもっとも洗練された跳開橋だった。

### 跳開橋と吊橋 Bascule and suspension

全長約245mのこの橋は2つの構造形態に区別できる。一対の跳ね橋を備えた60mの中央支間と、2つの吊橋のある外側部分である。外側部分は吊トラスから吊り下げた吊棒で支える橋床で構成される。吊橋部分からの水平方向の引張力は、主要塔の間にある一対のラティストラス型箱桁を通って伝えられる。2本の桁は歩道も収容している。

### 鋼鉄製トラス(左図)
Steel truss

タワーブリッジの外壁にはポートランド石と花崗岩を使用しているが、構造部材の大半は鋼鉄製で内側に隠れている。塔の鋼鉄製骨組や、頂部にかかるラティストラス、吊棒には12,000トン以上の鋼鉄を使用した。

### 跳開橋(右図) Bascule

各跳ね橋の重量は1,100トン以上である。跳ね橋をより簡単に上昇させて回転軸上の応力を軽減するために、各跳ね橋には釣り合いおもりがついている。橋の開放に用いる釣り合いおもりと現代的な油圧機構は橋脚内部に収容されている。

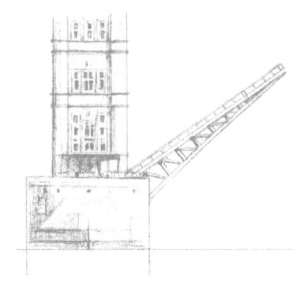

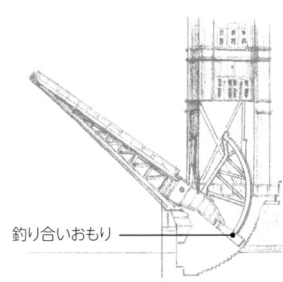

釣り合いおもり

*161*

# ミドルズブラ運搬橋

運搬橋は高位置の空間を保ちながら低位置で川を横断させる。この二重機能は高い桁から鋼鉄製ケーブルで吊り下げた可動貨車または「ゴンドラ」を装備することで実現する。この貨車はケーブルと滑車を使用して川を往復して横断する。橋床が軽便に移動できるため、川の横断を続けながら、枠組み構造の下を大型船が容易に定期的に航行できる。この橋は水上輸送交通を優先する川辺に適している。

**ミドルズブラ運搬橋**
Middlesbrough Transporter
イングランド北東部にあるミドルズブラ運搬橋は1911年に開通し、ティーズ川が海へ達する前に架かる最後の橋である。川の航行を制限しないため運搬橋が選ばれた。これまでに建築された運搬橋は20本だけで、現存しているのはわずか11本である。

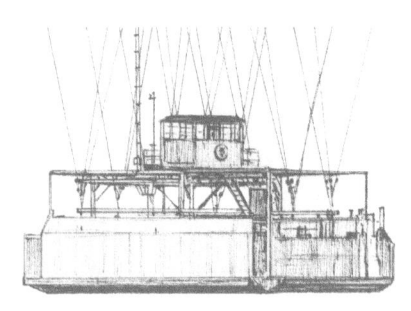

**運搬貨車** Transporter car

ミドルズブラ運搬橋は200人または車両9台を90秒で川の対岸へ運搬できる。

**片持ち梁**(下図) Cantilever

運搬橋は貨車を吊り下げるケーブル機構を支える高位置の建築物が頼りである。この建築物の建設にはさまざまな方法が用いられるが、ミドルズブラ運搬橋では、先細り型パイロン上で支える、中央支間が約180m、高さ約50mの2本の鋼鉄製片持ち梁部を使用している。片持ち梁アームは川に架かる部分が最長で、陸上にある短いアンカーアームは揚圧力に対抗してケーブルで地面に固定される。

**トラス式橋脚**(上図) Trussed piers

高位置の片持ち梁部を支える鋼鉄製トラス式橋脚は、重要な設計考察から、ケーブルと貨車の通路を制限しないように内壁が垂直となる非対称な先細り型となっている。

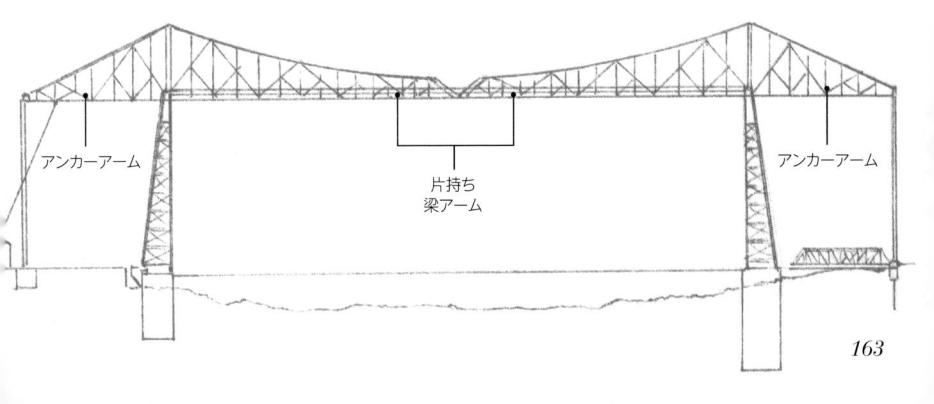

アンカーアーム

片持ち梁アーム

アンカーアーム

# ミシガン・アヴェニュー・ブリッジ

**新しい名前**
Renamed
ミシガン・アヴェニュー・ブリッジはシカゴで最初の非先住民、ジャン・バティスト・ポワン・デューサーブルにちなんで、2010年にデューサーブル橋と改名された。

　20世紀初期の大々的なシカゴ市都市計画の一環として、シカゴ川に架かり、シカゴの北部と南部を結ぶように設計されたミシガン・アヴェニュー・ブリッジ(1920年)は、世界初のダブルデッキ型跳開橋だった。高速の公共交通が上段の橋床を使用し、低速の商業交通が下段を使用した。上下両方の橋床の側道は歩行者専用道路である。この橋は2つの同じ大きさの跳ね橋または跳ね板で構成される。石造橋台の各隅には4ヵ所の整備所が建っている。

### デッキトラス Deck truss

ダブルデッキの下側部分の構造形態はプラットトラスに似ており、スルートラス（下路式）とデッキトラス（上路式）の両方の機能がある。これらのトラスは、バートン旋回水道橋（p.158～159参照）のように、片持ち梁支持体が中央ではなく両端にあるため、引張状態の斜材を備えた単純支持のプラットトラスと同じ機能である点に注目されたい。

### 双子橋(右図)
### Twin bridges

橋の各側は、片側に船が衝突して損傷した場合でも、もう片側が単独で操作できるように、各跳ね板を縦に分割している。各跳ね板は斜め方向と横方向の十字筋かいで補強した12本の縦型鋼桁で構成される。

### トラニオン跳ね橋
### Trunion bascule

重さが各3,700トンの跳ね板の旋回軸は下段橋床の下にあり、橋が開くときには深さ約12mに沈みこむ重さ1,600トンの4つの釣り合いおもりがついている。この橋は跳ね板を上下に可動させる円筒形のピン継手、またはトラニオン上で旋回する。

# コリントス運河橋

**釣り橋**
Fishing bridge
橋が上昇すると、欄干の間の空間にある橋床の上に魚が捕まる。捕まった魚はたいてい地元の子供たちが拾い集める。

　降開橋は比較的珍しい様式である。その方法は昇開橋と似ているが、橋床が垂直に上昇する代わりに、降開橋の橋床は船が十分に喫水できるように降下する。ギリシャのコリントス湾とサロニコス湾の間でコリントス運河を形成する6kmの水路の両端には、運河の底部まで降下して船を航行させる降開橋（1988年）がある。

### 橋の上昇時
Bridge up

この橋は完全に上昇すると、海抜約2mとなってわずかな狭い空間ができ、運河の効果的な障害物となり船舶の進入を防ぐ。

### 橋の降下中
Bridge submersing

主要橋床は2車線を支える4本の桁高0.9mの鋼桁で構成される。鋼鉄の取り扱いは侵食する海洋環境から橋を保護する重大な設計考察である。橋の両端は上昇機構を収容する鉄筋コンクリート製橋脚内に固定されている。

### 完全に降下した場合
Fully submersed

この橋は運河の底へ降下すると、船のキール下の空間を最大にして水平位置を維持する。

# エラスムス橋

**複合橋脚**
Multiple piers
多数の異なるコンクリート製橋脚がエラスムス橋の全長808mの鋼鉄製橋床を支え、交通車両、市街地の路面電車、自転車、歩行者を運ぶ。

　オランダのロッテルダムを流れるニューマーズ川に架かる有名なエラスムス橋のごく一部を可動部が形成する。89mの跳ね橋は、高さ139mの主塔からケーブルで吊り下げた280mの主要支間により小さく見えるが、大型船が航行できる唯一の場所であるため橋の重要な部分である。1996年に開通したエラスムス橋はオランダでもっとも背の高い橋で、その跳ね橋部分は西ヨーロッパで最大かつ最重量の跳開橋である。

### 跳ね橋（下図） Bascule

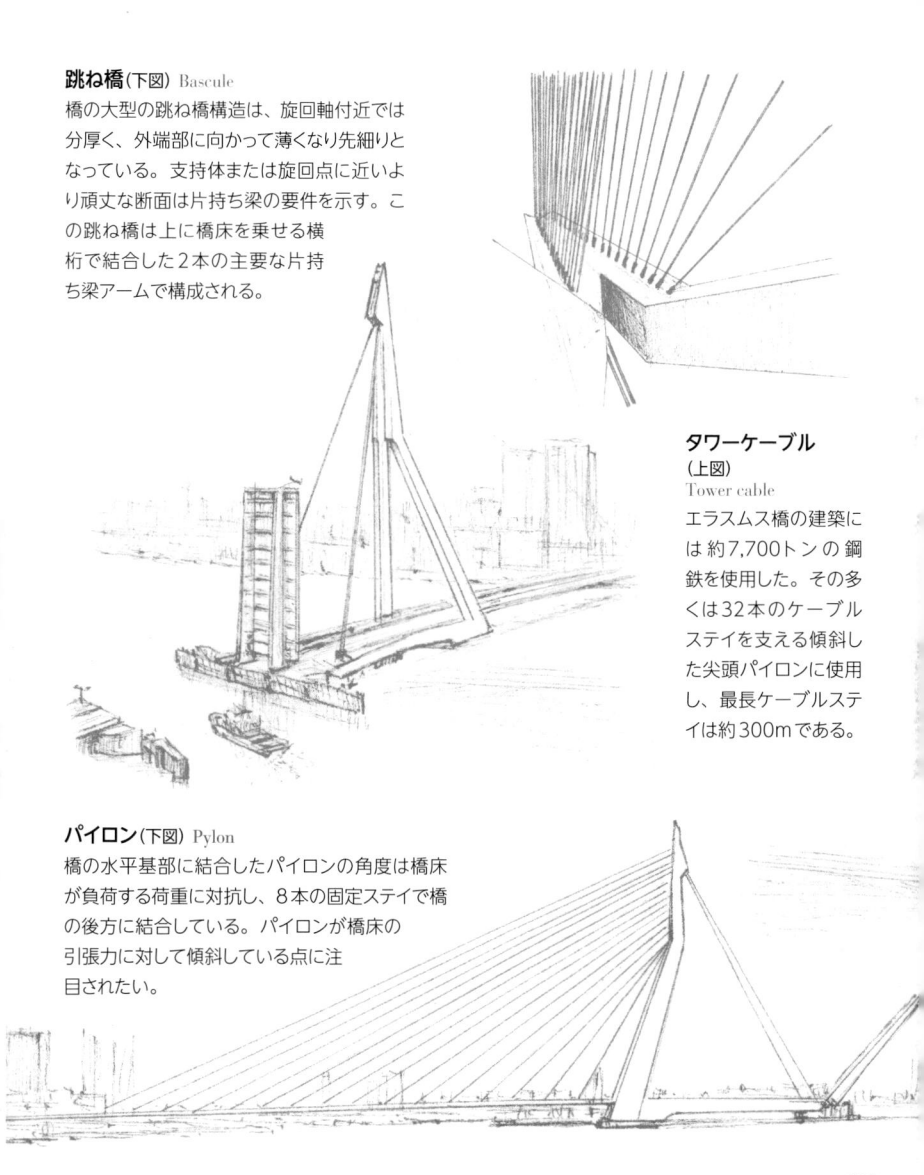

橋の大型の跳ね橋構造は、旋回軸付近では分厚く、外端部に向かって薄くなり先細りとなっている。支持体または旋回点に近いより頑丈な断面は片持ち梁の要件を示す。この跳ね橋は上に橋床を乗せる横桁で結合した2本の主要な片持ち梁アームで構成される。

### タワーケーブル（上図）
Tower cable

エラスムス橋の建築には約7,700トンの鋼鉄を使用した。その多くは32本のケーブルステイを支える傾斜した尖頭パイロンに使用し、最長ケーブルステイは約300mである。

### パイロン（下図） Pylon

橋の水平基部に結合したパイロンの角度は橋床が負荷する荷重に対抗し、8本の固定ステイで橋の後方に結合している。パイロンが橋床の引張力に対して傾斜している点に注目されたい。

# ゲーツヘッド・ミレニアム橋

**受賞作品**
Award winner
世界初で唯一の傾斜橋として、ゲーツヘッド・ミレニアム橋は多数の国際的な建築賞を受賞している。

　タイン川に架かる2001年に正式に開通したゲーツヘッド・ミレニアム橋は世界初の傾斜橋だった。イングランド北東部のニューカッスルとゲーツヘッドの間を横断する歩行者・自転車専用に設計されたこの橋は支間長105mで、2つの平衡する鋼鉄製アーチ形で構成される。アーチ形の1つは橋床を形成し、傾斜機能を補佐する釣り合いおもりの役割を果たす支持アーチに鋼鉄製ケーブルで連結されている。

### 旋回軸(下図) Pivots

8個の電動モーターが油圧機構を駆動して5分以内に40°以上橋を傾斜させる。またこの橋は自浄式に設計されている。橋が傾斜すると橋の上に残ったごみがすべてアーチ形端部のトラップ内へ転がっていく。

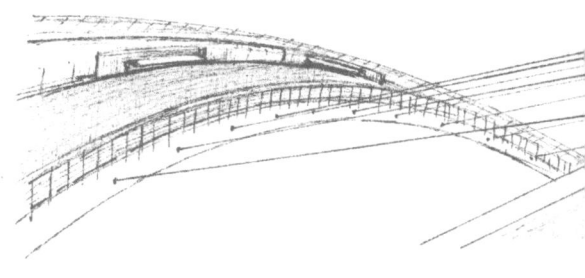

### 橋床ケーブル(上図) Deck cables

橋床は2つの区分に区別される。自転車道路は外側曲線にあり、内側曲線の歩行者用橋床よりも約30㎝下にある。鋼鉄製ケーブルは歩行者や自転車に乗った人々の頭上空間を妨げないように橋床アーチの内端部に連結する。これは橋床が支持体のこれらの線から片持ち梁式に突出していることを表す。

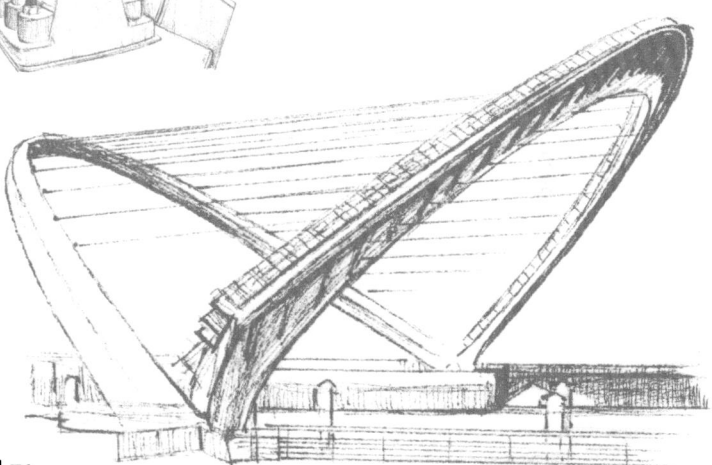

### 傾斜 Tilt

船を通過させるために、880トンのこの鋼鉄製の橋は両側の土手から突出する21,000トンのコンクリート製橋台上の旋回点で傾斜する。支持アーチが低くなると、両方のアーチが同じ高さになるまで橋床アーチは上昇する。

# ザ・ローリング・ブリッジ

ロンドンのグランドユニオン運河の入り江に架かる全長約12mの歩道橋、ローリングブリッジ(2004年)は、巻き上げ時には片側の川岸で完全な八角形を形成する、多角形の壁を備えた8つのヒンジ付橋床部で構成される。広げた状態ではこの橋はトラス橋である――欄干が上弦を形成し、橋床が下弦となる。欄干のわずかな下向きの角度が圧縮荷重を垂直の円筒形ポストに伝える。巻き上げには3分かかり、その工程のどの時点でも停止できる。

**操作**
Operation
ボタン操作でこの橋は巻き上げを開始して、ほぼ10mの高さへと上昇し、3分間で入り江の片側に丸くなって八角形を形成する。

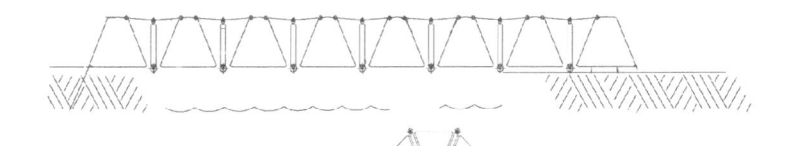

**巻き上げ機構**(上図) Curling mechanism
この橋は各垂直の柱に内蔵される油圧アクチュエータによって巻き上がり、その容器から金属製の円筒形を駆動して欄干が折りたたまれ、その間に圧縮下の部材から引張下の部材へと変化する。また垂直の円筒柱も橋が展開する圧縮状態から巻き上げの一定段階での引張状態へと変化する。

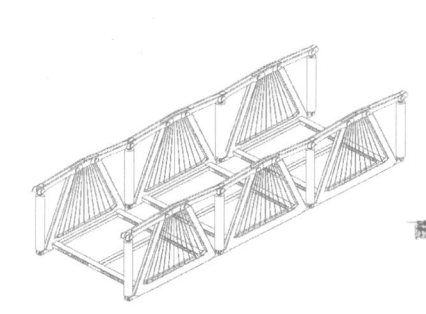

**巻き上げ部** Folding sections
橋の主要部材は多角形の欄干板、垂直の円筒形ポスト、ヒンジ付のU形部分の欄干（U形の両側は垂直ポストへ横方向の支持を与える）と橋床部である。橋の重量を最小限に保つために、欄干板内の隙間にはワイヤーが張られている。

**巻き上げ順序** Curling sequence
橋は巻き上げが始まると、単純トラスから片持ち梁トラスへと変形する。巻き上げの最初の段階では、欄干が水平段階を通過すると、橋はアーチ形となる。固定橋床部のヒンジによってこの動作が可能となる。橋は最高位まで上昇してから八角形構造へと巻き上がる。

*173*

# ギュスターヴ・フローベール橋

　昇開橋は橋床の両端を支える2棟のパイロンで構成され、橋床を水平に維持しながら垂直運動で橋床を上昇させる。ヨーロッパ最大の昇開橋の1つにギュスターヴ・フローベール橋（2008年）があり、フランスのルーアンを流れるセーヌ川に架けられた6番目の橋である。橋の全長は進入道路を含めて670mである。

**上昇システム**
Rising system

ギュスターヴ・フローベール橋の長さ116mの中央支間は鋼桁製の一対の橋床を支えている。これらの橋床は、各パイロンの頂部に収容される500トンの滑車機構上に吊り下げた一連の鋼鉄製ケーブルで上昇および下降する。

鋼鉄製肋材

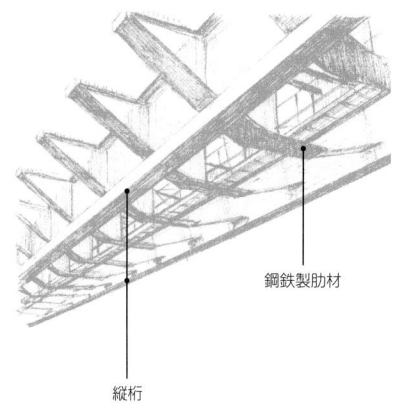

縦桁

**道路橋床** Road deck
長さ116mの鋼鉄製の道路橋床はそれぞれ重さ1,300トンである。その主要構造は一連の鋼鉄製肋材で結合して補強される2本の縦桁で構成され、肋材は両端から片持ち梁状に突出して好適な橋床の幅を作り出す。

**パイロン** Pylons
高さ86mの一対の鉄筋コンクリート製の各パイロンは、滑車装置によって頂部で結合した2本の独立した支柱で構成される。このため支柱が確実に一体的に機能することでパイロン全体に構造上の奥行きが生じる。パイロン両側の橋床は2組のケーブルが両端で吊り下げている──1組は橋床の外側を支え、もう1組は橋床の内側に取り付けられる。

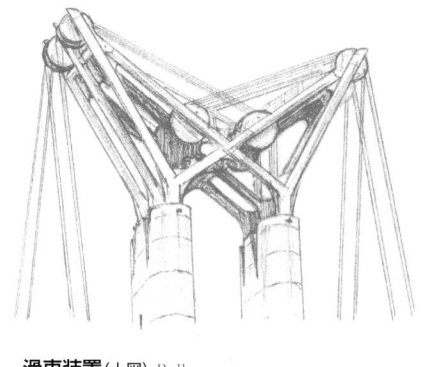

**滑車装置**(上図) Pulley system
各パイロンの頂部にある蝶形滑車装置は8個のウィンチを内蔵する。この装置の構造が十字筋かいによって補強されている点に注目されたい。6km以上ある鋼鉄製ケーブルが各装置の周囲に巻きついて12分で橋床を約48m上昇させる。

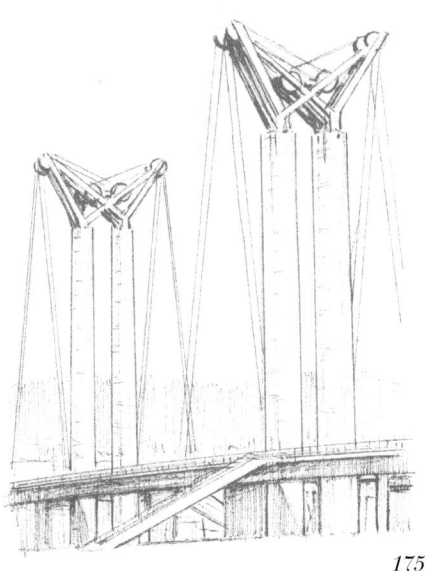

# ダービー大聖堂橋

## 歴史上の関連
Historic reference

大聖堂橋の20mあるパイロンの鋭利な形は見るものに、はさみや針を連想させ、ダービーを有名にした繊維産業界を思い出させる。また長さ60mの橋の旋回運動は仕立屋が大ばさみで裁断する動きを連想させる。

ユネスコ世界遺産地の中に位置し、イングランドのダービーを流れるダーウェント川に架かるこの新しい歩道橋には繊細かつ控えめなデザインが必要だった。この歩行者・自転車専用の橋は川の東側の土手をグリーン大聖堂や、歴史ある街の中心地、そして近代産業発祥の地である有名なシルクミル産業博物館と結ぶ。この新しい大聖堂橋（2009年）は中空箱形鋼鉄製の歩行者専用斜張旋回橋であり、川の速い流れと急速に上昇する水量に対応して迅速に回転するように設計されている。控えめで細長い橋床を、印象的な尖頭パイロンに結合した3本の鋼鉄製ケーブルが支えている。

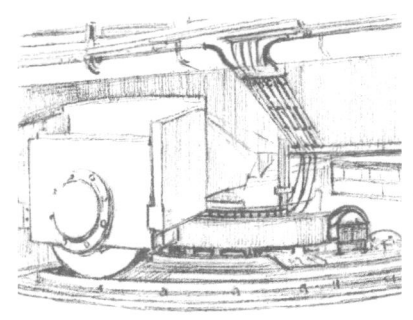

### 旋回軸 Pivot

橋の旋回機構は、橋床が38°の角度でねじれる地点に建つ支柱下の橋の下に収容される。巨大な鋳鋼製旋回軸ベアリングが4分間で99トンの橋を動かす。

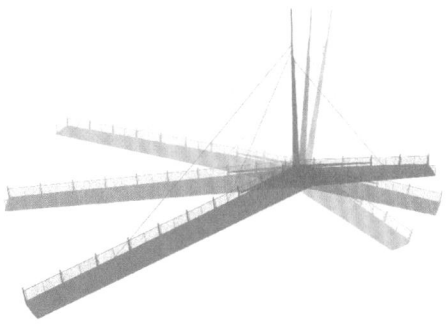

### 旋回運動 Swing motion

この釣り合いおもりのついた橋は垂直軸の周囲で非常に効率的に旋回するように設計されている。この効率的なデザインのため電動機を使用して、または手動操作で橋を開くことができる。

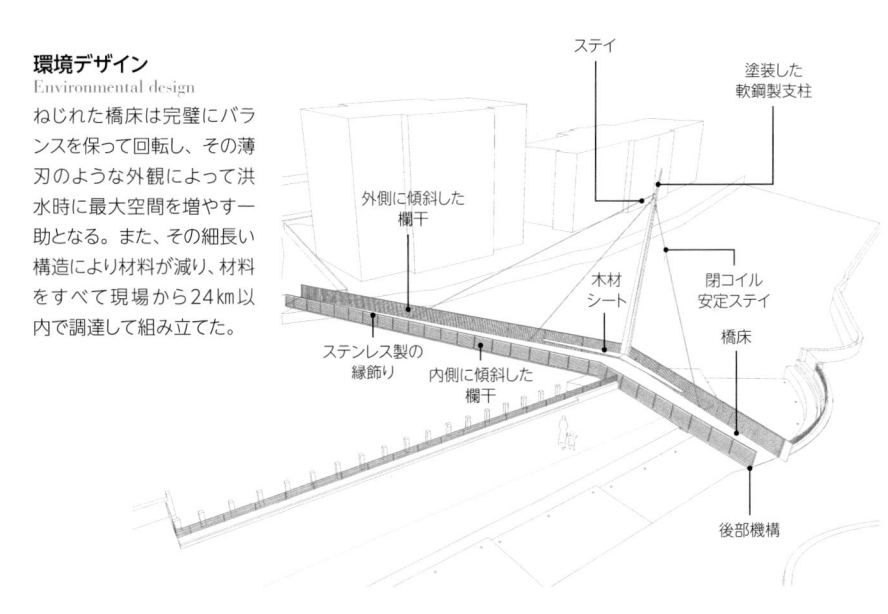

### 環境デザイン
Environmental design

ねじれた橋床は完璧にバランスを保って回転し、その薄刃のような外観によって洪水時に最大空間を増やす一助となる。また、その細長い構造により材料が減り、材料をすべて現場から24km以内で調達して組み立てた。

- 外側に傾斜した欄干
- ステンレス製の縁飾り
- 内側に傾斜した欄干
- ステイ
- 塗装した軟鋼製支柱
- 木材シート
- 閉コイル安定ステイ
- 橋床
- 後部機構

# CANTILEVER BRIDGES
## 片持ち梁橋

　片持ち梁は支持体から突出する構造である。橋梁設計では片持ち梁は4つの基本構造様式の1つである。片持ち梁橋はたいてい、後方支間を形成して、主要支間の一部を形成する片持ち梁アームの反対側にアンカー(または後方)アームを備えて支持体の両側でバランスを保つ。各アームの下部にかかる圧縮力はその上部の引張力と対抗して支持体へ伝わる。多くの片持ち梁橋は接合して主要支間を形成する少なくとも一対の片持ち梁で構成される。

片持ち梁橋は、片持ち梁部に桁やトラスなどのさまざまな構造を用いて、あらゆる種類の材料で建築することができる。片持ち梁アームは支持橋脚上で平衡を保ち、橋台や隣接する片持ち梁部に固定される。時には片持ち梁アームの間に吊り部を挿入して主要支間を延長する場合もある。主要支間にかかる追加の垂直荷重への対抗手段として、隣接する片持ち梁や、橋の両側地面に設置した頑丈な橋台に平衡アームをしっかりと固定する。

### ケベック橋
Quebec Bridge

世界最長支間を誇る片持ち梁橋はカナダのケベック橋（1919年）である。長さ549mの支間は2つの平衡する片持ち梁の間に伸びる吊りトラス部により形成される。

# フォース鉄道橋

**弦** Chords
フォース鉄道橋の各片持ち梁の上弦と下弦は管状鋼鉄製で、荷重を橋脚へ伝える。アンカーアームは重さ1,100トンで、吊り部や活荷重と平衡している。

　世界でもっとも有名な片持ち梁橋の1つに、スコットランドのフォース湾に架かる鉄道橋（1890年）がある。このフォース鉄道橋にはかつて架橋建築に試みた片持ち梁の原理を最大限に活用した。この橋は、長さ521mの2つの中央支間を形成する2つの小型単純支持部で、3つの巨大な平衡する二重片持ち梁部を連結して構成される。両端の2つの後方支間は長さ201mで、鋼鉄製トラス桁で建築した進入路部を支える石造支柱に連結する。

### 人間の片持ち梁 Human cantilever
片持ち梁の構造原理を示すために人間による実演が行われた。人物が吊り部上の中央支間に座ることで荷重を表した。両側に座る人物の両腕は結合部にかかる張力を表す。木材の筋かいは下側の人物にかかる圧力を表す。煉瓦は支柱のアンカー地点を表す。

### リベット締め Riveting
これは世界初のすべて鋼鉄製の大型橋だった。この架橋建築に1日4,000人以上の作業員を雇い、650万個の鋼鉄製リベットと、72,000トンの鋼鉄を使用した。ここに示す管状の下部部材は、上からの圧縮力に対抗して橋脚へ圧縮力を伝える中空の建築管を形成するためにリベット締めした鋼板部で製造されている。

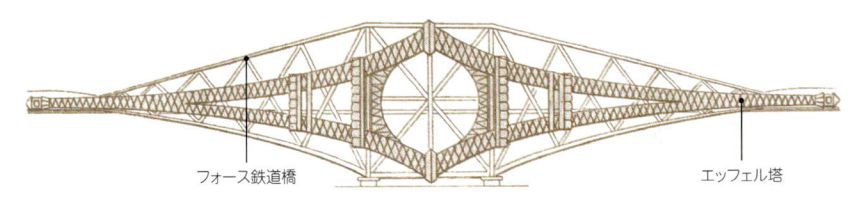

フォース鉄道橋　　　　　　　エッフェル塔

### 壮大な設計（上図）Grand designs
フォース鉄道橋の3つの二層式片持ち梁部と同じ距離にするためには、5つ以上のエッフェル塔を端と端が接するように並べるとよいだろう。

### 吊り部 Suspended section
平衡片持ち梁方式の利点は各片持ち梁アームの間に吊り部を挿入することでさらに支間を伸ばせる点である。フォース鉄道橋の吊り部は長さ106mである。

# ケベック橋

**最大支間**

Largest span

ケベック橋の片持ち梁アームはフォース鉄道橋よりも短いが(177m)、中央部は106mに比べて195mと長く、549mの主要支間を形成している。

カナダのケベック橋(1919年)は世界最長支間を誇る片持ち梁橋である。この橋を建築する最初の試みは、1907年に橋が崩壊して大規模な再設計を余儀なくされたため大失敗に終わった。長さ987mのリベット締めした鋼鉄製橋の主要な構成要素は下路トラスである。これに先立つフォース鉄道橋(p.180〜181参照)と同様に、ケベック橋には吊り部で連結して主要支間を形成する2つの平衡片持ち梁部がある。幅29mの橋床は鉄道・車両交通と歩行者専用道路を支えている。

## 中央支間 Centre span

195mの中央部は単純支持のらくだの背（パーカー）トラスである。中央支間全体を片持ち梁アーム間へ引き上げて下弦に連結した。上弦に充填材を挿入して橋は完成した。片持ち梁の外側アームは、中央部の重量と橋上を通過する交通量により加わる荷重に対抗して橋台にしっかりと固定された。

## 十字筋かい(左図) Cross-bracing

橋の両側面は一連の斜め、垂直、水平の鋼鉄製筋かいで連結されている。これらの各筋かい部材はトラスの構成要素である。すべての部材は橋床上高くに持ち上げられて、同じく橋の両側を連結している。

## Kトラス(下図) K-truss

橋の3つの独立した構造要素（平衡片持ち梁と中央部）はあらゆる種類のKトラスである。支持体方向に後ろ向きを指す下側斜材は圧縮状態にあり、座屈力に対抗するもう1本の筋かいを備えている点に注目されたい。

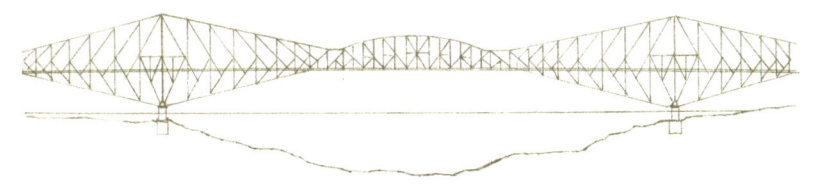

# モントローズ橋

**吊り部**
Suspended section
モントローズ橋の中央支間は長さ6.4mの吊り部によって伸長され、吊橋の特徴である懸垂曲線が上弦に形成されるのを防いでいる。

　スコットランドのサウスエスク川に架かるモントローズ橋（1930～2004年）の主塔から下がる曲線状の弦は、これが吊橋であるかのような印象を与える。しかしよく見ると、このコンクリート製の橋は2組のコンクリート製橋脚が支える、2つの短い側支間を備えた主要な中央支間を形成する2本の二重片持ち梁橋で構成されている。この橋は吊橋を架け替えたもので、以前の橋の橋台と進入路を利用した。2004年に取り壊されて架け替えられた。

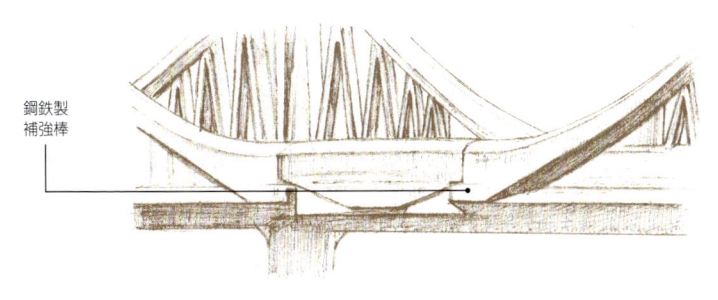

鋼鉄製
補強棒

### 弦(上図) Chords
曲線状の上弦には直径約4㎝の鋼鉄製補強棒が76本使用された。引張状態にある部材のコンクリートに対する鋼鉄比率が高いせいで、コンクリートが本当に必要だったのか、さらには経費や重量について、この建築形態の建築材料として適切な選択だったかどうか、という論争が激化した。

### コンクリートの彫刻(左図)
Concrete sculpture
角張った彫刻を施したコンクリート製ピン継手が、鉄筋コンクリート製橋脚と橋床や上部構造との結合部を際立たせた。

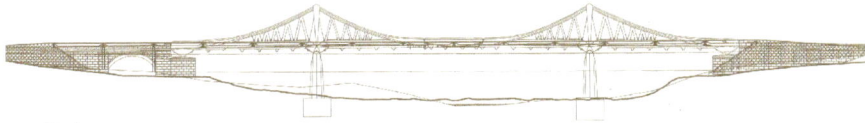

コンクリート製
ピン継手

### 高度 Elevation
2組の主塔は深さ18mの杭を備えた鉄筋コンクリート製橋脚上に建っていた。曲線状の上弦と橋床の間に斜材を備えたコンクリート製トラスで形成した片持ち梁は66mの主要支間を形成した。橋台に固定した短い側支間の長さは46mだった。

185

# ストーリー橋

**3本の橋脚**
Three piers
ストーリー橋はこれといって特徴もなく、3本の橋脚上に建っている。南端では主要橋脚が片持ち梁を支え、第2橋脚はねじれを予防するために橋を固定する。北端では片持ち梁が主要橋脚上に建つが、岩盤で固定されている。

1940年に完成したブリスベーンのストーリー橋はオーストラリア最大の片持ち梁橋である。鋼鉄製片持ち梁は下路トラスを用いて建築され、長さ282mの中央支間とブリスベーン川上に約30mの空間を形成している。鋼鉄製橋の建築はコンクリート製橋脚上にパイロンを建てることから始まった。後方支間アームを建築して石造橋脚と進入道路に固定した後、橋は中央支間へと片持ち梁を伸ばしていった。川上で最大長に到達した内側アームを単純支持中央部で結合して橋の支間を完成させた。

**非対称の片持ち梁** Asymmetrical cantilevers
陸上の石造橋脚に固定した外側の片持ち梁アームは、川上に吊り下げた内側アームよりも短い。このためアンカーレッジ地点では引張状態で抑制されるはずの荷重の不均衡が生じる。2つの内側アームを結合する中央部は単純支持のプラットトラスである。

**下路トラス**(上図) Through truss
この橋の鋼鉄製のK形筋かい構造はトラスの基部上にある道路橋床とともに下路トラスを形成する。この橋は石造橋脚上で支持され、そのコンクリート製基礎は40m下にある。

**十字筋かい**
Cross-bracing
橋の外側を石造橋脚上で直接支え、横と斜めの鋼鉄製トラス部材で十字に補強している。橋床は十字筋かいより上にある。

*187*

# ロンドン橋

**長い歴史**
Long history
この2,000年以上にわたり、多数の橋が現在のロンドン橋付近のテムズ川を横断してきた。その最大の橋は19個のアーチ形のある12世紀の橋で、高層建物群や教会、跳ね橋を支えていた。

　1973年に開通した全長283mの現在のロンドン橋は、テムズ川のこの場所が潮流の限界だった当時、ローマ人が建築したロンドン最古の橋が架かっていた場所付近に建っている。この片持ち梁橋はなだらかな曲線のため、よくアーチ橋とまちがわれるが、多数の証拠によりこの片持ち梁橋の本質は明らかとなる―2つの後方支間はかすかな半アーチ形で、2つの可動継目が中央支間にある。プレキャスト・ポストテンション式コンクリート製弓形で建築した4つの箱桁が各片持ち梁部を形成している。

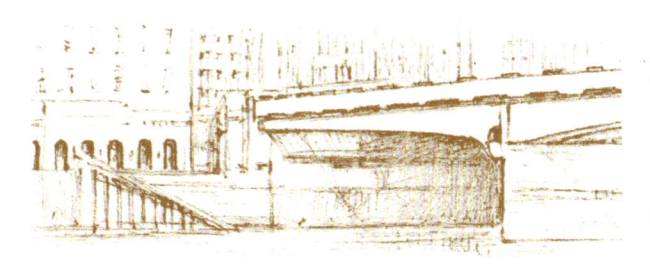

### 可動継目(下図)
Movement joint

2つの可動継目が中央支間にかすかに見える。これらは2つの片持ち梁アーム間に吊り部があることを示している。

### ポストテンション式箱桁(上図)
Post-tensioned box beams

水路を河川交通に開放しながら同時進行するため、以前のロンドン橋（アリゾナへ船で輸送された）の解体と新橋の建築は煩雑を極めた。4本の縦長の箱桁を下流で弓形に組み立てて現場に船で運び、それらを互いに連結してポストテンション法で補強した。ポストテンション法は鋼鉄製ケーブルを各弓形内に挿入してケーブルに張力をかける方法で、コンクリートの構造的耐力を支援し向上させた。

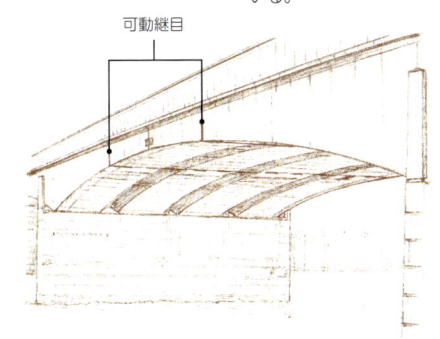

可動継目

### 半アーチ形(下図) Half arch

表面を花崗岩で仕上げた細長いコンクリート製橋脚からそびえる片持ち梁部の外側アームがさらに狭い側支間を形成する。これらの片持ち梁は橋台に固定される。

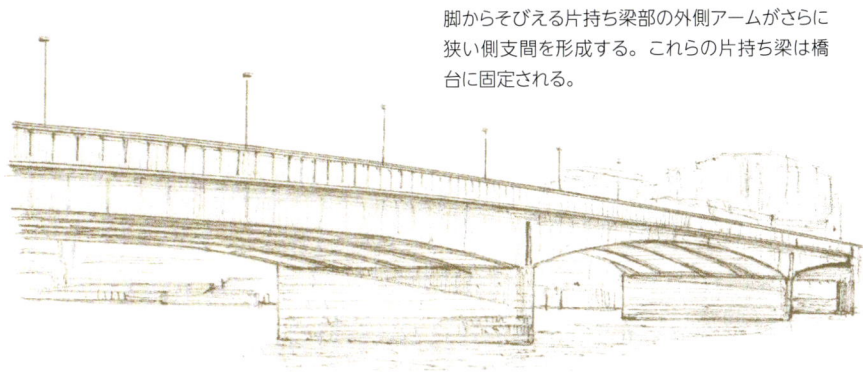

# コモドア・バリー橋

### 古い技術
Old technology

コモドア・バリー橋には世界で3番目に長い片持ち梁支間があり、それまでに建築した最近の大型片持ち梁橋の1つとなった。片持ち梁橋はより経済的な斜張橋に次第にその座を奪われつつある。

　ペンシルヴェニア州のデラウェア川に架かる全長4kmのコモドア・バリー橋（1974年）の片持ち梁部は米国の片持ち梁橋で最長支間を誇る。主要支間は501mで水上空間は60mだが、片持ち梁構造はトラス桁で建築されたさらに長い橋の一部を形成する。主要支間を形成する片持ち梁アームにかかる下向きの力は中央橋脚上で釣り合い、アンカー（または後方）支間に揚圧力を誘発する。これらの力をアンカーアームが伝え、外側橋脚と後方支間の重量がこれに対抗する。

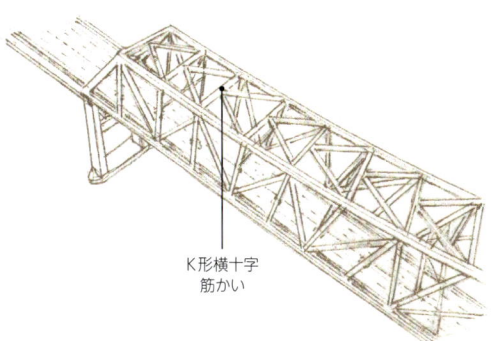

### 横十字筋かい(左図)
Lateral cross-bracing

事実上すべてのトラス橋は側面の間にある十字筋かいの形に影響を受ける。ここではK形横十字筋かいが各部分の上部を補強している。幅24mの橋床下にある同様の十字筋かいは中央の縦鋼材が補強している。

K形横十字筋かい

### 細分型ワーレントラス(右図)
Subdivided Warren truss

この橋の進入路と主要片持ち梁構造に用いられる細分型ワーレントラスは、垂直部材で分割した交互方向の斜材で明確に区画される。

### 上路トラスと下路トラス(下図)
Under and through trusses

進入路は単純支持の細分型ワーレン式上路トラス(橋床はトラス桁上にある)であり、片持ち梁部では下路トラス(橋床はトラス内部にある)に変わる。

細分型ワーレン式下路トラス

細分型ワーレン式上路トラス

# ヴァイレ・フィヨルド橋

**伸長**
Expansion
ヴァイレ・フィヨルド橋はプレストレストコンクリート製箱桁の伸長を考慮して4つの区分に分割される。各伸長部分は長さ491mである。

デンマークのヴァイレ・フィヨルドに架かる全長1,712mの橋（1980年）には約110mの15ヵ所の支間がある。この橋は自由片持ち梁工法を用いて建築された。各二重片持ち梁を橋脚上に建築して突出させ、中央支間で接合した。各T形間の継目が支間中央に見える。どこまでも続く形をしたこの橋はハンチ-コンクリート製箱桁——支持体から中央支間までの下側の円弧——であり、荷重を橋脚へ伝え戻す。

### 細長い形状（右図）
Slender geometry

自由片持ち梁の建築には、橋の支持体付近では桁高を高く、片持ち梁アームの外端部方向に桁高を低くして、中央支間にほっそりとした部分を作り出す必要がある。細い橋脚は、橋脚上の桁高6mから支間中央では2.5mという低さへ弧を描くハンチ箱桁部を支える。最大空間は約40mである。

支間方向の
コンクリート製橋脚

### 垂直の橋脚（上図） Perpendicular piers

橋の細長い外観を維持するために、コンクリート製橋脚は支間方向に薄く設計されており、座屈力を最小限に抑える平衡片持ち梁形状によって実現している。橋脚の幅が空中に浮かぶ橋床に横方向の安定をもたらしている。

### 片持ち梁橋床 Cantilever deck

橋脚と中央箱桁という重要な建築部材は等幅で、さらに広い橋床を支えている。橋床は箱桁の両側を越えて先細りのプレストレスト横桁上へ突出する片持ち梁式コンクリート製スラブである。この薄いコンクリート製橋床の全幅は29mである。

# SUSPENSION BRIDGES
## 吊橋

　吊橋の橋床は引張状態で吊りケーブルから吊り下がり、吊りケーブルが荷重を橋の両端にあるアンカーレッジまたは主塔へ伝え、そこから荷重は地面へと伝わる。従来の（または単純な）吊橋は、2ヵ所の固定地点間に吊り下げた2本の吊りケーブル間の橋床で構成される。現代の吊橋は同じ原理を採用しているが、2棟の主塔を建ててその上にケーブルを架線して主要中央支間と2つの小型側支間を形成する。現代の吊橋のケーブルは一般的に、橋の片側からもう片側へ連続して巻きつけた単一ストランドで構成される。
　ストランドを架線するたびに、地中深くに埋設したアンカーレッジに固定する。

これらアンカーレッジは、垂直ハンガーを通って橋床へ動的荷重を伝えることで発生するケーブル内の大きな引張力に対抗するように設計されている。重量の大半は橋の自重と、橋床の上を往来する活荷重を合わせたもので、ハンガーとケーブルを通って引張力として伝わり、圧縮状態で設置した主塔が受け止める。吊橋設計の構造的効率性によって、吊橋は単一支間で長距離に橋を架けるもっとも効果的な橋梁システムとなっている。

### 明石海峡大橋
Akashi Kaikyo

世界最長の吊橋は日本の明石海峡大橋（1998年）で、全長3.9km、主要支間長は1.9kmである。

# メナイ海峡吊橋

### さび防止
Rust prevention
メナイ海峡吊橋の吊鎖は建設史上最長だった。現場で製造、設置する間、鉄鎖の環はすべてさび防止の温かい亜麻仁油内で保管された。

メナイ海峡の危険な水域を横断してグレートブリテン島のウェールズとアングルシー島を結ぶ橋は、初期の近代吊橋の1つであり、当時世界最長支間を誇っていた。全長305mのこの橋は支間長176mで、海抜約30mに建っている。メナイ海峡吊橋（1826年）の建築は1820年に石造橋脚の建設から始まった。その後、鉄桁の上に設置した二層式道路橋の木製橋床を支える錬鉄製の吊鎖が設置された。

### 石造進入路（左図）
Masonry approaches

石灰岩製の橋脚は進入路を支え、海峡の片側に幅約16mの4つの半円アーチと、もう片側に3つの半円アーチで構成される。アーチ形の進入路は、吊鎖が吊り下がる高さ約46mの大理石仕上げの主塔で最高点に達する。

### トラス型欄干（右図）
Trussed parapets

オーク材の橋床は強風で崩壊することが多かったため、1893年には鋼鉄製橋床に架け替えられ、死荷重は698トンから1,120トンに増えた。車線の外側にある縦方向のトラス型欄干が橋床を支え、片持ち梁式歩行者用通路で隠された。

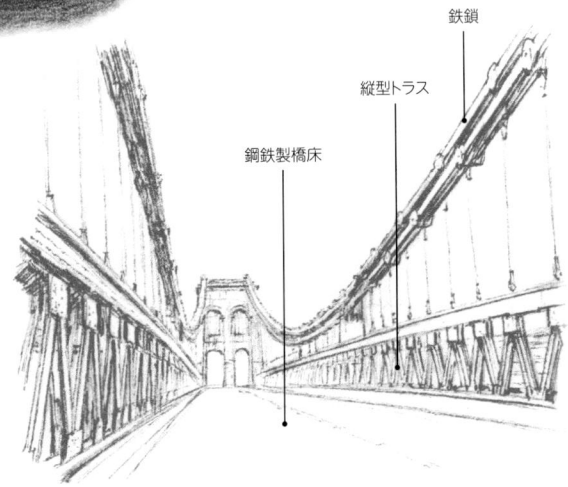

鉄鎖

縦型トラス

鋼鉄製橋床

### 吊鎖（左図） Suspension chains

当初は各端部でアイバーを通じて互いに固定した4組の主要吊鎖で橋床を支えた。各主要吊鎖の重さは133トンで、4本の個々の鎖は935個の錬鉄部で構成された。これらの吊鎖を150人の作業員が引っ張って川の向こう岸へかけ、岩盤をくり抜いた厚さ18mのアンカーレッジに固定して、長さ3mの鉄製ボルトで所定の位置にクランプ締めした。

# クリフトン吊橋

**耐久性** Endurance
クリフトン吊橋の建築当時、橋が支える設計上の最大荷重は馬車の重量だった。その同じ橋は現在も毎日何千台もの自動車を支え続けている。

　イングランドのブリストルを流れるエイヴォン川に架かるクリフトン吊橋（1864年）は若き技術者イザムバード・キングダム・ブルネルにとって最初に設計を依頼された仕事だった。1831年に建築が始まったが、数々の問題が生じて計画は遅れた。ブルネルの死後5年が経っても橋は完成しなかった。橋の全長は414mで、錬鉄製の鎖がパイロン頂部の下4mのサドル内を通って21m降下し、幅9.5mの橋床が0.9m反り（わずかに上向きに曲がり）、川の上76mの空間を形成する。

**鉄の環**(左図) Iron links

吊鎖は、ケーブルに束ねたワイヤーの代わりに、数mごとにボルトで固定した錬鉄製の環で製造され、後にそれが一般的になった。鎖の各部は3つの独立した垂直層に積み重ねられた10〜11個の平らな鉄の環で構成される。鎖環の中には、同じくブルネルが設計したロンドンで解体されたハンガーフォード橋の鎖環もあった。

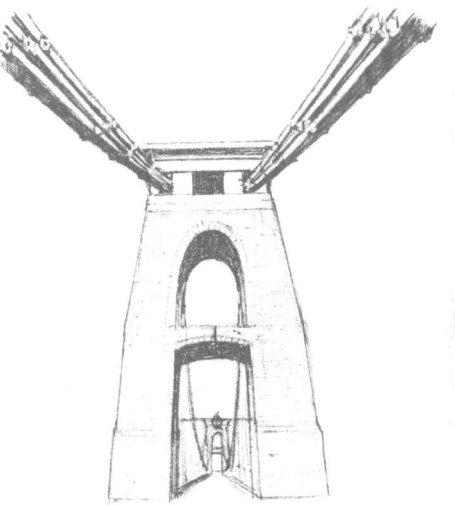

**吊りロッド**(下図) Suspension rods

214mの主要支間は81組の錬鉄製吊りロッドから吊り下げた橋床で構成される。長さ0.9m〜約20mの範囲で変化するこれらのロッドを垂直に配置し、上端部で主要鎖と、底端部では橋床と連結する。

**パイロン**(上図) Pylons

長円アーチ形のパイロンはそれぞれ高さ約26mで、ペナントストーンで建造されて、砂岩橋台上に建っている。各パイロンは鎖を吊り下げるローラー付サドルを収容し、移動する荷重や温度変化に応じて縦の動きを可能にし、横の動きを防止する。

# ジョン・A・ローブリング吊橋

**吊りケーブル**
Suspension cables
ジョン・A・ローブリング吊橋では橋脚間で10,000本以上のワイヤーを組み合わせて、水上空間約30mの橋床を支える2本の主要な吊りケーブルを製造した。

　ケンタッキー州とオハイオ州の境を流れるオハイオ川に架かるジョン・A・ローブリング吊橋は、設計者の死後にその名に改名され、1866年の開通当時には世界最長の吊橋だった。吊橋設計の一般的知識と専門技術を身につけたローブリングは、オハイオ川の両岸に吊橋を架けるには川が広すぎることがわかっていたため、川の中に約300m離れて建つ2棟の石造塔のある橋を設計した。

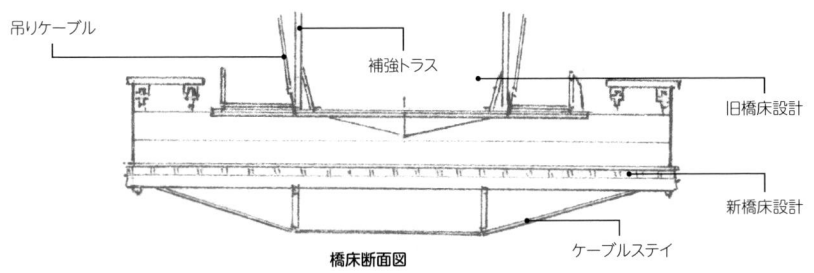

吊りケーブル
補強トラス
旧橋床設計
新橋床設計
ケーブルステイ

**橋床断面図**

### 橋床構造（上図）
Deck structure

橋床は主要ケーブルから吊り下がる鉄製の吊りケーブルで支えられる。隣接した対をなす吊りケーブルを錬鉄製桁が連結し、その上に橋床が設置される。各橋床部は縦に配置した部材と、横剛性を生む斜めと横の筋かいによって横桁間で補強されている。

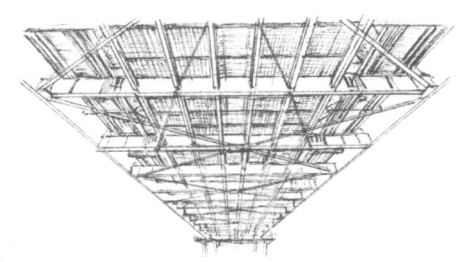

### 広くなった橋床 Widened deck

19世紀末までに橋床は広くなり、耐荷重を増やすためにさらに一対の吊りケーブルを主塔上に架線した。当初の橋床表面は比較的薄く、橋床と縦トラスの下に補強用のケーブルステイを設置した。新しい幅18mの橋床は頑丈なワイヤー型の十字筋かいで補強されている。

### 石造橋脚 Masonry piers

高さ約23mの石灰岩仕上げの砂岩橋脚の基礎は、ボルト固定してコンクリートで固めた13層の垂直配置のオーク材上にある。当初橋脚は、南北戦争の混乱のために実際に建築された橋よりもはるかに大型の橋を支える設計だった。

201

# ブルックリン橋

　ニューヨークのブルックリン橋（1883年）は完成当時世界最長の吊橋だった。このような広大な水面に橋を架けるために、2本ではなく4本の吊りケーブルを使用した。これらの吊りケーブルを、ゴシック様式の一対の尖頭アーチ形の上にある両石造主塔内のサドル上に架線した。主塔から放射状に伸びる第2ケーブルによってこの橋の外観は独特な扇形となり、主塔に近い部分は斜張橋と吊橋を組み合わせた構造となっている。

**鋼鉄製ケーブル**
Steel cables
ブルックリン橋は鋼鉄製ワイヤーケーブルを使用した最初の吊橋だった。それ以前は吊橋には鉄製ケーブルや鉄鎖を使用し、重量が重く、構造上効率が悪かった。

## ケーブルアンカー
Cable anchors

橋のサドルを往復して張り巡らせた5,434ストランドの連続巻きワイヤーで4本の主要ケーブルを架線し、次にしっかりと結び合わせて両岸で固定した。各4本のケーブルは重さ12,300トンまで支えることができた。垂直ケーブルまたはハンガーを、ロープのように編み合わせた23,000km以上のワイヤーで製造した。

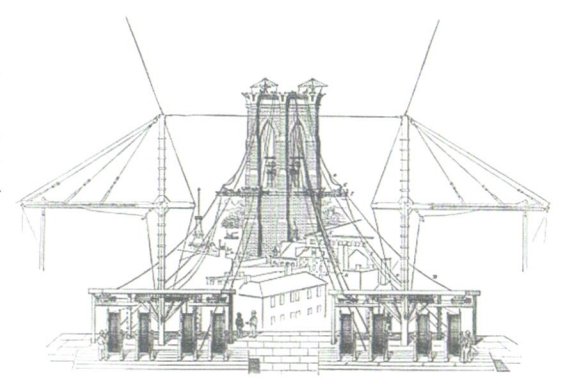

**上空から見た図**

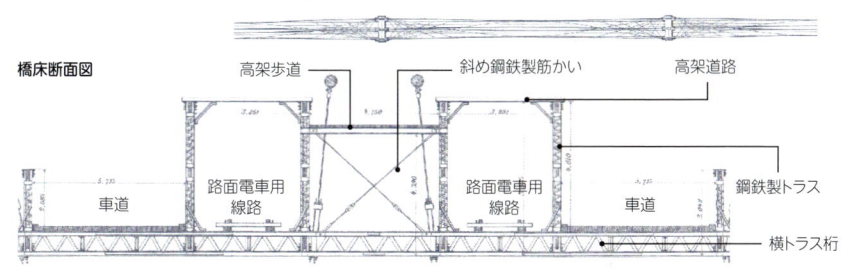

**橋床断面図**

高架歩道　　斜め鋼鉄製筋かい　　高架道路

車道　　路面電車用線路　　路面電車用線路　　車道　　鋼鉄製トラス

横トラス桁

### 橋床部(上図)
Deck section

当初、橋床は2本の高架鉄道線路、2本の路面電車用線路、2車線の車道と中央の高架歩道を支えていた。橋床外側の縦鋼鉄製トラスと、外側の車線から鉄道線路を分離するさらに大型のトラスが橋床を支えている。橋床の底面は縦トラスの下に架かる横トラス桁で構成される。橋床は横方向の安定性を生む斜め鋼鉄製筋かいで補強されている。

### 高度(下図)
Elevation

橋の全長は約2kmで、主塔間の主要支間は486m、最大空間は41mである。高さ84mの主塔はかつてニューヨークのスカイラインを越える高さだった。

203

# ジョージ・ワシントン橋

### もっとも多忙な橋
Busiest bridge

1年目には500万台以上の車両がジョージ・ワシントン橋を横断した。現在は毎年約1億台の車両がこの橋を通過し、世界でもっとも多忙な橋となっている。

　ニューヨークのハドソン川に架かるジョージ・ワシントン橋（1931年）は当時では画期的で、主要支間長は世界中の橋の2倍以上だった。この橋は1本の橋床で建築されたが、設計上は2本を支える予定だった。第2の橋床は後に追加されて1962年に開通した。技術者オスマー・アマンは橋床の重量を利用して橋を安定させる方法を知り、初期の吊橋には一般的だった補強トラスを不要とした。橋の32mの各橋床縦桁の重量は73トンである。4本の主要鋼鉄製吊りケーブルはそれぞれが直径約90㎝で、2棟の主塔間の長さ1,067mの支間に架かる幅36mの2本の橋床を支える。橋台間の橋の長さは1,451mで、水上空間は65mである。

**追加橋床** Additional deck
追加した下部橋床は、桁高約8mの鋼鉄製の細分型ワーレントラスを用いて、既存の橋床下に建築された。上部橋床と下部橋床は一方が他方から吊り下がるのではなく、一体化した構造体として機能するため、橋床の追加は構造的な増築となっている。

**ワイヤーケーブル** Wire cables
4本の各主要ケーブルは川を61回往復して巻きつけた1本のストランドで構成され、287,000トンのコンクリート製アンカーレッジブロックに固定されている。各ストランドは全長172,200㎞の434本の単一ワイヤーで構成される。

**トラス形の主塔** Trussed towers
4本の吊りケーブルを支える2棟の鋼鉄製の各主塔は高さ183mで重さ23,000トン以上である。主塔は当初コンクリートと花崗岩で仕上げる予定だったが、むき出しの鋼鉄製トラスの骨組みは興味深い機能的な外観であり、結果的に現在もむき出しのままで、経費も削減している。

205

# ゴールデンゲート・ブリッジ

**印象的な外観**
Distinctive profile
高さ227mへそびえるゴールデンゲート・ブリッジの主塔はリベット締めで固定した中空の鋼鉄製部材で製造されている。塔の完成後、湾を往復してケーブルを架線した。

サンフランシスコ湾が太平洋へと広がる入り口のゴールデンゲート海峡に架かるこの象徴的な橋（1937年）は世界でもっとも有名な橋の1つである。幅27mの橋床は1組の主要ケーブルから吊り下がる250組の吊りケーブルで支えられている。各主要ケーブルは直径0.9m、長さ2,332mで、全長128,800kmある27,572ストランドの亜鉛めっき鋼ワイヤーで構成される。これらの巨大ケーブルと引張荷重を安定させるためには橋の両端に重さ66,000トンのコンクリート製アンカーレッジが必要である。

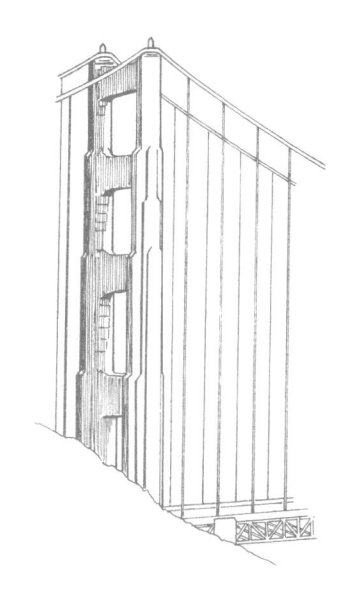

**環境影響**(下図) Environmental effects

気温の変化によって橋床は伸縮し、橋床の長さと結果的に水上の高さに影響を及ぼす。ゴールデンゲートの垂直変化は約5mで、最大空間は67mとなる。橋床は風の抵抗を抑制する設計で、十字筋かいを備えた鋼鉄製の細分型ワーレン式トラスを用いて建築されて、最小限の抵抗で風が通過する仕組みとなっている。

**スタイリング**(上図) Styling

橋の様式は建築された時代を映す場合が多い。先細り型でアールデコ調の主塔を備えたゴールデンゲート・ブリッジほどその時代を感じさせる橋はなく、水平の筋かいはフィーレンディール・トラスを形成する。各主塔の高さは227m、重さは48,000トン。この橋独特の鮮やかな朱色は太平洋上に沈む太陽を引き立てるように選ばれた。

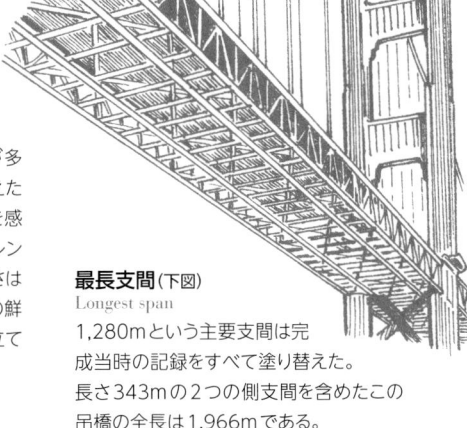

**最長支間**(下図)
Longest span

1,280mという主要支間は完成当時の記録をすべて塗り替えた。長さ343mの2つの側支間を含めたこの吊橋の全長は1,966mである。

# ライオンズゲート・ブリッジ

**高度** Elevation
全長1,823mのライオンズゲート・ブリッジは、472mの主要支間、187mの2つの側支間、671mの進入道路の4つの部分で構成される。

　1938年当初は2車線の道路橋として開通したカナダのバンクーバー近郊にあるライオンズゲート・ブリッジは、増大する交通量にうまく対処できなかった。橋を閉鎖せずに橋床を架け替えることに決まり、2000年〜2001年、夜間や週末に道路橋の橋床を部分的に架け替えた。橋梁設計を改良して、既存の鋼鉄製主塔とケーブルは、当初の橋床と同じ重量ながら35%幅の広い新しい橋床を支えられるようになった。

**旧橋床断面図**

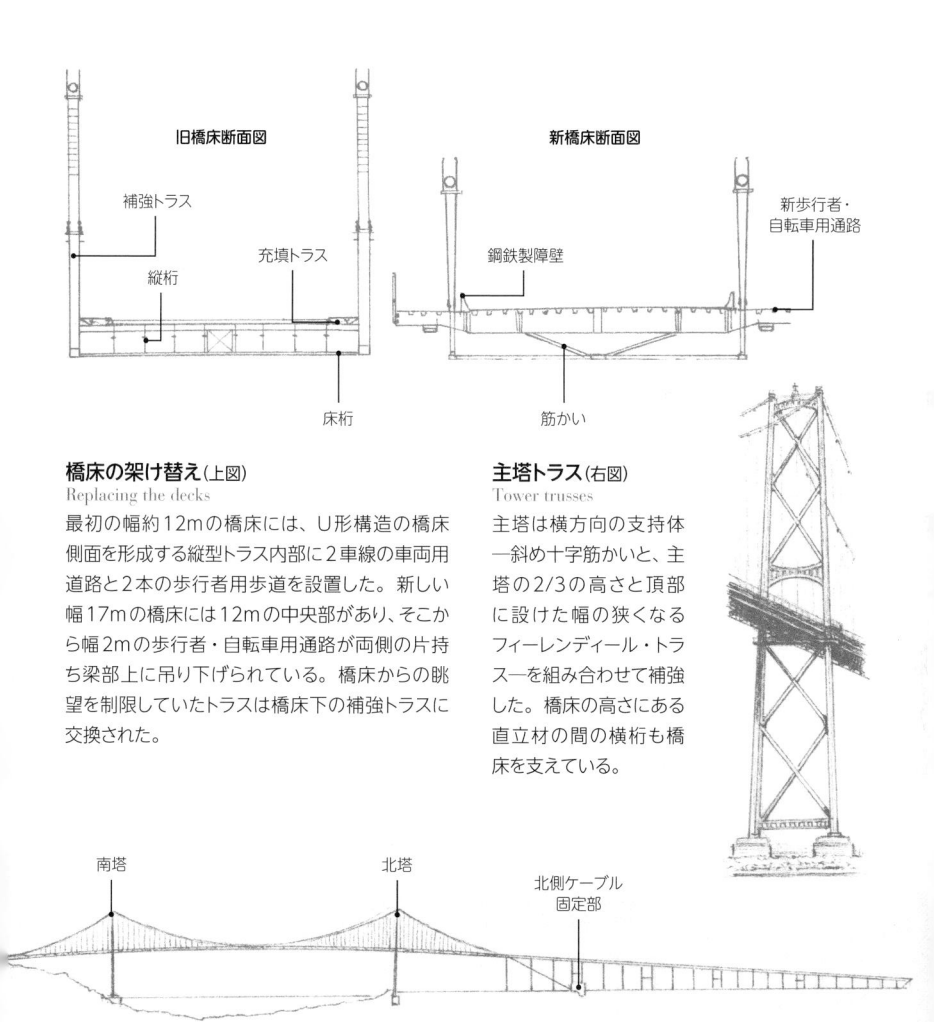

- 補強トラス
- 縦桁
- 充填トラス
- 床桁

**新橋床断面図**

- 鋼鉄製障壁
- 新歩行者・自転車用通路
- 筋かい

## 橋床の架け替え(上図)
Replacing the decks

最初の幅約12mの橋床には、U形構造の橋床側面を形成する縦型トラス内部に2車線の車両用道路と2本の歩行者用歩道を設置した。新しい幅17mの橋床には12mの中央部があり、そこから幅2mの歩行者・自転車用通路が両側の片持ち梁部上に吊り下げられている。橋床からの眺望を制限していたトラスは橋床下の補強トラスに交換された。

## 主塔トラス(右図)
Tower trusses

主塔は横方向の支持体—斜め十字筋かいと、主塔の2/3の高さと頂部に設けた幅の狭くなるフィーレンディール・トラス—を組み合わせて補強した。橋床の高さにある直立材の間の横桁も橋床を支えている。

- 南塔
- 北塔
- 北側ケーブル固定部

## アンカーレッジ Anchorage

主要ケーブルは両端でそれぞれ固定されている。一方を橋床が峡谷の側面と連結する岩盤内で固定し、他方を吊り部と進入傾斜路を区別する橋脚上を通って谷床上のアンカーレッジへと引き下ろす。

*209*

# ヴェラザノ・ナローズ・ブリッジ

**膨張** Expansion
ヴェラザノ・ナローズ・ブリッジはその立地から厳しい気象条件にさらされており、冬季や強風の際には閉鎖される。冬期と夏期では熱膨張によって橋床の高度が3.5mまで変化する。

　米国で最長中央支間を誇る橋はスタテンアイランドとブルックリンの間の海峡に架かる吊橋である。支間長1,299mのヴェラザノ・ナローズ・ブリッジは1964年の完成当時に世界最長の橋であり、さらに二層式道路橋を支えていた。さらなる荷重を支えるために、この橋の吊りケーブルはより一般的な1組ではなく、2組備わっている。この上路トラスは各主塔の直立材の間の横桁上にあってさらに強固に支えられている。

### ダブルデッキ(左図)
Double deck

重さ440トンの鋼鉄製トラス部を60個用いて建築したダブルデッキをその上部路面が支えている。下部橋床がその下に吊り下がり、十字筋かいを施した桁高4.9mの細分型ワーレン式下路トラスで構成され、横方向の安定性をもたらしている。

### 平行ではない主塔(右図)
Unparallel towers

主塔間298m、高さ211mであり、深さ51mの基礎上に建つ鋼鉄製主塔の設計は、地球の湾曲に対応する必要があった―主塔の頂部は基部よりもさらに4cm離れている。

### 双子ケーブル Twin cables

橋の両側を1組のケーブルが支え、各ケーブルは26,108ストランド、長さ230,087kmで構成される。ケーブルの重量は10,220トンで、直径は約0.9mである。アンカーレッジ間を往復移動するスピニングホイールでストランドを一対で設置し、ケーブルの全長にわたり固定する。

# ハンバー橋

　イングランドのヨークシャーを流れるハンバー川に架かる、1981年に完成した道路橋はかつて世界最長の吊橋だった。コンクリート製の主塔を備えた吊橋のそれ以前の最長支間は608mだったが、ハンバー橋の主要支間は1,410mとなった。支間を大幅に増加させた技術革新は、高さ155mの主塔に中空の鉄筋コンクリート部を新規採用したことだった。このため主塔は軽量化、高層化し、基礎上にかかる荷重が軽減した。

**環境への対応**
Environmentally responsive
吊橋の建築決定は、河口の川底が変化しやすいことが特徴のハンバー川の環境条件に左右された。そのため船舶の航路はたえず変化し、わずか2本の橋脚を使用して大きな支間を作り出す吊橋が最適だった。

## 鋼鉄製ケーブル(左図)
Steel cables

2本の主要鋼鉄製ケーブルはそれぞれ直径70cmで、直径0.5cmの高張力ワイヤー404本で製造した37本のストランドで構成される。各ストランドを橋の各端部に連結固定した後で束ねてケーブルとする。各ケーブルの重量は6,000トンで、鉄筋コンクリート製アンカーレッジの重量はそれぞれ330,000トンである。

## 中空のコンクリート製主塔(下図)
Hollow concrete towers

主塔は、建築物と共に高くなる型枠にコンクリートを注入する、超高層ビル群の建築用技術でもある、スリップフォーム工法で建築した。各主塔のやや先細り型の2本のパイロンには横十字筋かいでフィーレンディール・トラスを形成し、安定性を高めている。

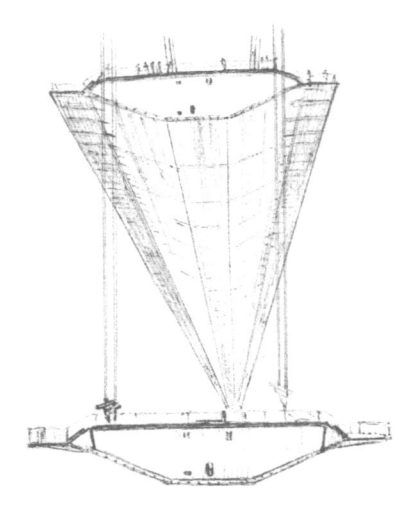

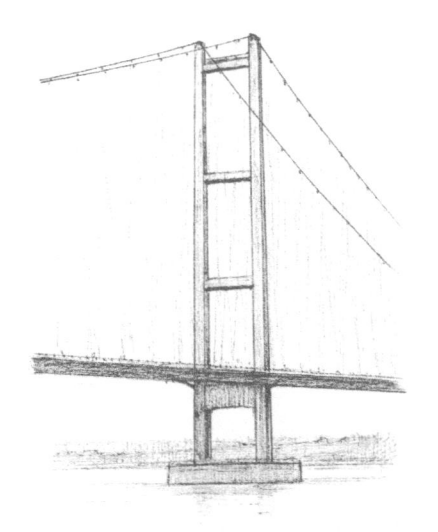

## 空力的橋床(上図) Aerodynamic deck

幅28m、桁高4.5mの橋床を長さ18m、重さ154トンの鋼鉄製の中空箱部で構成する。これらの箱部を現場外で組み立て、ハンガーケーブルで吊り下げた後で溶接した。これらの材料や設計によって橋床を軽量化し、その鋭利な空力的外観により、風荷重が生み出す横方向の力を最小限に抑えて安定性を高めている。

# SUSPENSION 青馬大橋 BRIDGES

**側支間** Side spans
青馬大橋の各側支間にかかるケーブルは橋床の高さではなく、地面に固定されている。1組は垂直荷重をまったく伝えないために、曲がらずに一直線である。

　鉄道と車両の両交通を支える世界最長の吊橋は中国、香港の青馬大橋（1997年）である。全長2,160mのこの橋は2本の鉄道線路と2本の緊急車両用車線の上に6車線の車両用道路が通るダブルデッキである。この左右非対称構造は、主要支間と、一部は吊橋で一部はコンクリート製橋脚上で支えられる側支間と、コンクリート製橋脚上で支えられる進入道路の3区画で構成される。

## 囲いつきのダブルデッキ(右図)
Contained double deck

54,000トンのダブルデッキの厚みは、過酷な天候に見舞われやすい地域特有の強風にさらされるため、橋床が風抵抗を最小限に抑えるように設計されている。その空力的端部の外観によって横風は端部を避けて通過し、上部橋床の中央全域に設けた連続開口部が橋床内部の気圧上昇を防止する。

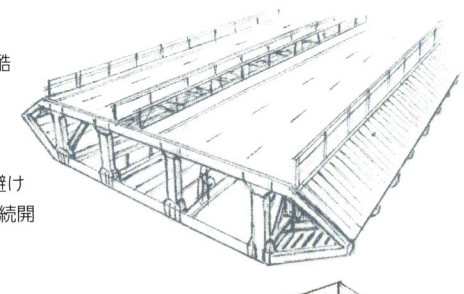

## 橋梁支間(上図)
Bridge span

高さ206m、重さ57,000トンの鉄筋コンクリート製主塔の頂部に設けたサドル上に2本の主要ケーブルを架線する。側支間は、一部吊橋部分と、72mごとに等間隔に並ぶ3本の鉄筋コンクリート製橋脚上で支えられる進入道路とで構成される。

## アンカーレッジブロック(下図)
Anchorage blocks

2本の主要ケーブルはそれぞれの直径が約0.5cmの33,400本の鋼鉄製ワイヤーで構成される。総重量29,400トンの2本のケーブルは117,000トンの荷重を支え、重量がそれぞれ220,000トンと275,000トンのアンカーレッジ内の各端部に固定される。これらコンクリート製建造物の表面は、ケーブルにかかる引張力の線に垂直になるように傾斜している。

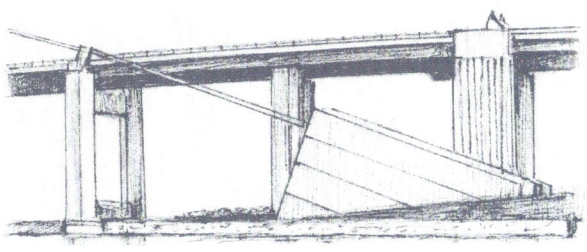

# グレートベルト橋

**吊橋部**
Suspended section
吊橋は障害物のない空間を作り出すため、船舶の航行が頻繁な水域には理想的である。グレートベルト橋の吊橋部の主要支間は幅1,624mの航行水路を形成する。

　グレートベルト橋(1998年)の吊り部分は、デンマークのシェラン島とフュン島の間の海峡に架かる全長14kmの鉄道道路併走橋(およびトンネル)システムの一部を形成する。橋の大部分は鉄筋コンクリート製橋脚上で支えた一連のコンクリート製桁で構成される。この橋の興味深い特徴は、吊りケーブルのアンカーレッジが陸上にはない点である。巨大なコンクリート製の海上アンカーレッジは、海底下にあって摩擦抵抗を生むくさび形状で引張力に抵抗する。

**アンカー断面図**

### 連続吊橋（下図）Continuous suspension

橋床は2.7km離れたアンカー地点の間で2本の長さ3,078mのケーブル上に連続して吊り下げられている。この設計の特徴により、高さ254mの鉄筋コンクリート製主塔は通常よりも高い。主塔の先細り形状は主塔にかかる圧縮力を反映し、頑丈な土台から先細りとなり、海抜21mが、中央部と頂部に十字筋かいのある2本のパイロンへの分岐点となっている。

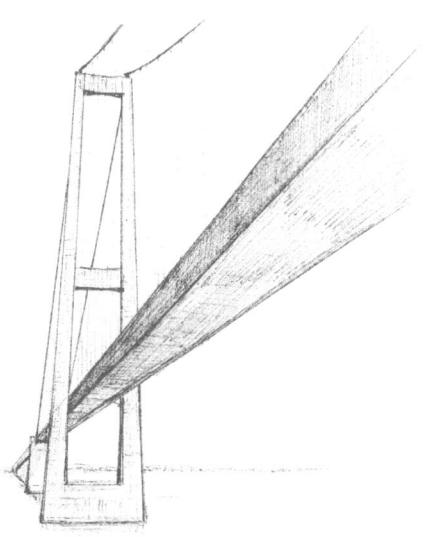

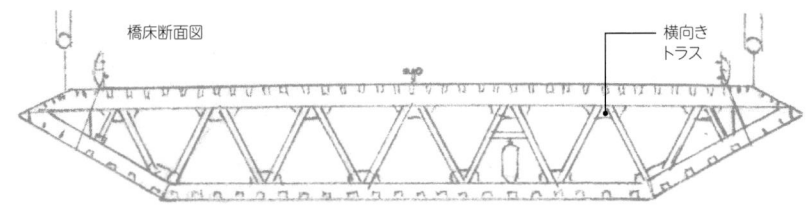

### 海上アンカーレッジ（上図）
Sea anchorage

アンカーレッジの中空形状により作業を危険にさらさずにコンクリート量を削減し、アンカーレッジを芸術的かつ物理的に軽量化する。各アンカーレッジは海底下22mに基礎の長さが122mの土台があり、内側に引く水平荷重に対抗して傾斜している。

### 橋床部 Deck section

幅31m、桁高4mの空力的に溶接した鋼鉄製箱桁橋床は風荷重に抵抗するように設計されている。箱部内部の横向きトラスによって橋床の剛性が増大する。

橋床断面図

# 明石海峡大橋

### 地震対策
Earthquake proof

1995年の神戸・淡路大震災で建築中の明石海峡大橋の主塔間隔がずれたため、主要支間は約1m伸びた。橋桁のヒンジは風や地震への抵抗を増大させるように設計されている。

日本の神戸市垂水区と淡路市岩屋の間にある明石海峡に架かるのは世界最長の支間長を誇る吊橋である。長さ3,911mの橋床を、直径0.9m以上、地球7周分の長さに相当する36,830ストランドの2本の鋼鉄製ケーブルが海抜97mで吊り下げている。建築開始は1988年で、完成には10年の歳月と、20万トンの鋼鉄、141.6万ℓのコンクリートを要した。

### 世界最長支間（下図）
World's longest span

1991mの中央支間、960mの2つの外側支間という3つの支間を生み出す高さ297mの一対のパイロン上にケーブルを架線している。橋床を吊りケーブルに連結するハンガーが各垂直トラス部材上で固定される点に注目されたい。もしハンガーを垂直部材間の中ほどに取り付けると、各部材は曲げモーメントを引き起こす。

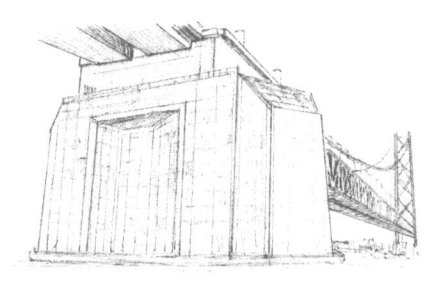

### コンクリート製アンカーレッジ（上図）
Concrete anchorage

このような長い支間ではかなりの引張力が発生するため、ケーブルは巨大なアンカーレッジに固定する必要がある。各アンカーレッジを386,000トンのコンクリートを使用して建築し、橋台と組み合わせている。進入道路は橋台上で支えたコンクリート製桁橋で、その向こうの橋床は細分型ワーレン式鋼鉄製トラス箱である点に注目されたい。

### 基 礎 Foundations

各パイロンの基部を主塔用の頑丈な基部とするために、コンクリートと鋼鉄で建設した深い円形基礎内部に設置している。各主塔は横方向の安定性を高めるために十字筋かいが施されているが、風力を最小限に抑えるために比較的開放部分が残っている。

# 四渡河大橋

**非対称**
Asymmetry
四渡河大橋の片側は進入道路で構成されているが、他方の橋床は主塔の基部で谷壁と接し、非対称な外観を作り出している。

中国湖北省を流れる四渡河渓谷に約500mの高さで架かるのは、架設高度が世界最高の吊橋である。全長1,365mのこの橋は2009年11月に開通した。この橋の主要支間は900mだが、地質状況に制約があるため、吊橋の側支間はない。主要吊りケーブルをH形の主塔上に架線して背後の岩盤に直接固定している。

橋床断面図

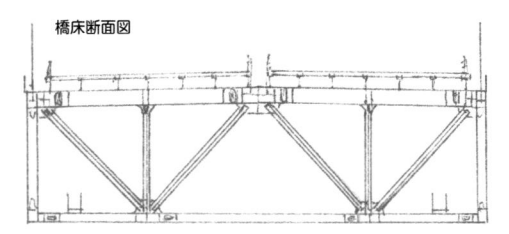

## トラス橋床(左図)
Truss deck

幅26mの橋床は一連の組立て式鋼鉄製トラス構造の枠組みである。縦方向の細分型ワーレン式トラスが橋床全長の外側全域に走っている。これらは橋を補強する等間隔で横方向のトラスによって斜めに筋かいが施されている。

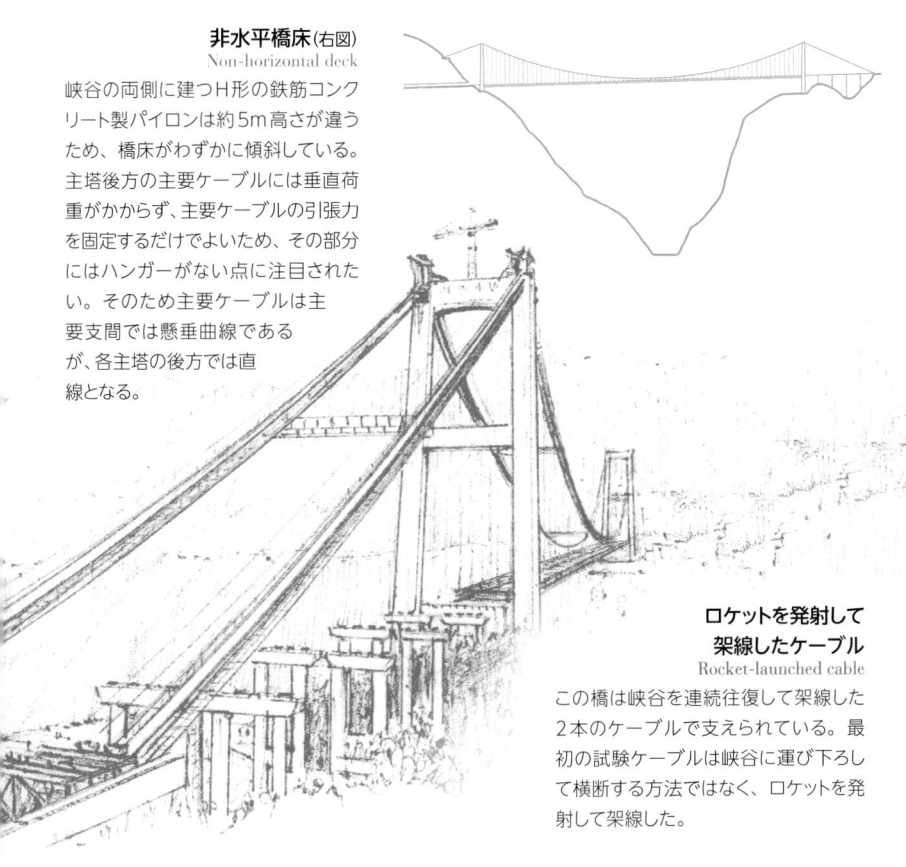

## 非水平橋床(右図)
Non-horizontal deck

峡谷の両側に建つH形の鉄筋コンクリート製パイロンは約5m高さが違うため、橋床がわずかに傾斜している。主塔後方の主要ケーブルには垂直荷重がかからず、主要ケーブルの引張力を固定するだけでよいため、その部分にはハンガーがない点に注目されたい。そのため主要ケーブルは主要支間では懸垂曲線であるが、各主塔の後方では直線となる。

## ロケットを発射して架線したケーブル
Rocket-launched cable

この橋は峡谷を連続往復して架線した2本のケーブルで支えられている。最初の試験ケーブルは峡谷に運び下ろして横断する方法ではなく、ロケットを発射して架線した。

# CABLE-STAYED BRIDGES
## 斜張橋

　斜張橋は吊橋の一種だが、従来の吊橋とは根本的に異なる。斜張橋と吊橋は一連の引張ケーブルを使用して、圧縮状態となる主塔へ橋床から荷重を伝えるという同一原理を共有するが、連続ケーブルとはちがって斜張橋のケーブルは互いに独立し、主塔から伸びて橋床部を支持する。このため各ケーブルにかかる力の測定と必要に応じた長さ調整が容易である。また、橋全体の強度を低下させずに個々のケーブルを交換できるため、橋の保守がより簡単となる。

斜張橋はその構造内部に荷重がかかるため、アンカーレッジが不要である。このため支間が複数ある場合や、地理的状況で岩盤が不適当な場所など、アンカーレッジを利用できない状況では斜張橋が最適となる。橋床の荷重は、橋の均衡を保つ左右対称の何組ものケーブルによって主塔に伝えられる。また橋床の荷重の均衡を保つために傾斜した主塔を使用する別の種類の斜張橋もある。

**リオン・アンティリオン橋**
Rio–Antirio Bridge
吊り橋床部分が2km以上ある全長約3kmのギリシャのリオン・アンティリオン橋は、世界最長の複数支間を有する斜張橋である。

# スカルンスンド橋

**高強度コンクリート**
High-strength concrete
スカルンスンド橋の橋床と橋脚のほっそりとした外観は、現代コンクリートの高強度特性を活かすコンクリート技術が近年進歩したことによって実現した。

　ノルウェーのスカルンスンド橋（1991年）は大型斜張橋の初期の一例である。全長1,010mのこの橋は、3つの支間——1つの主要支間と長さの異なる2つの外側支間——を備えた一対のパイロンで構成される。主要支間の長さは530m、海抜44.8mである。一方の支間は崖上で進入道路に直接連結し、さらに内陸部の進入道路を支える4本のコンクリート製橋脚がもう一方の支間を一部支えている。幅13m、桁高2mの箱桁橋床は世界最長のコンクリート製の斜張橋床である。

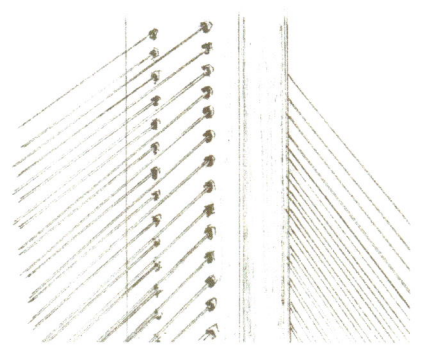

## ケーブル・アンカーレッジ (左図)
Cable anchorage

各主塔の頂部にある支柱の両側には総重量1,135トンの23組のケーブルを取り付けている。ケーブルの直径は5〜8.5cmで変化する。

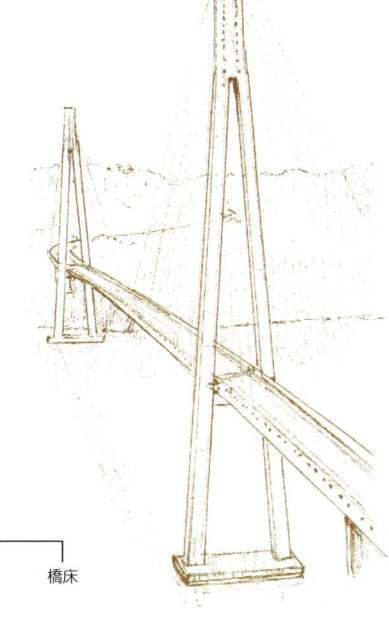

## 三角塔 (右図) Triangular tower

高さ152mのA形構造の各主塔は内在する横方向の安定性を求めて設計され、底部では幅が広く、頂部では狭くなっている。引張力は垂直支柱の頂部に集中し、2本の脚部を下って主塔の底部、そして基礎内部へと伝わる。

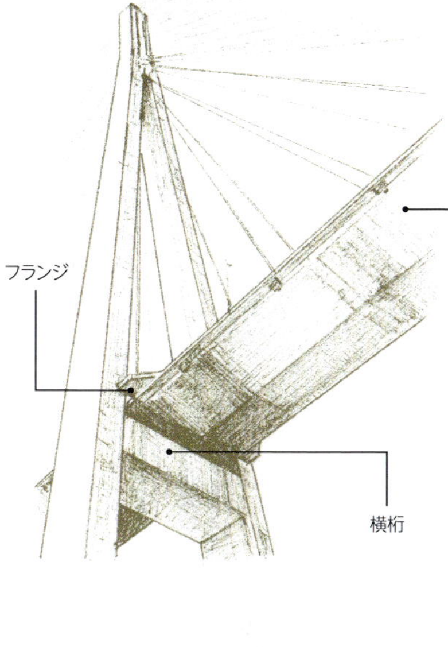

フランジ

橋床

横桁

## 橋床支持体 Deck support

ケーブルと、主塔の脚部間にある横桁の両方が橋床荷重を支えている。主塔付近の橋床側面上にある小型フランジは、橋床での重要な縦方向の動きを防止する設計である。橋床の薄い空力的三角部により橋床は軽量かつ頑丈な構造となっている。

# ノルマンディー橋

**連続桁**
Continuous beam
ノルマンディー橋の進入傾斜路は、川岸からA形構造の主塔へと徐々に高くなる橋脚上で支えられたコンクリート製の連続桁で構成される。

　斜張橋の設計は近年急速に発展してきた。この発展を示す一例であるノルマンディー橋は建築時の斜張橋設計に革命を起こした。1995年の開通当時、世界最長の斜張橋(2,143m)で、世界最長支間長(856m)を誇る斜張橋だったが、それ以来さらに大型でさらに長い多数の斜張橋に記録を塗り替えられてきた。

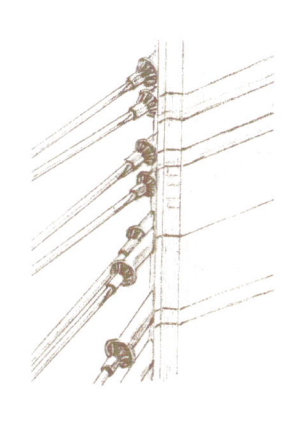

### ケーブル連結具 (左図)
Cable connectors

主塔の両側に張った23組の鋼鉄製ケーブルが19.6m間隔で橋床を支えている。これらのケーブルは主塔頂部からファン形配列で外へ広がり、主塔頂部では支柱内部に設置する鋼鉄製箱内部に埋設した鋼鉄製スリーブ内で固定される。これらのスリーブはケーブル内の引張力を主塔内で圧縮力に変換する。

### 進入傾斜路
Approach ramp

進入傾斜路の最終部分は主塔内の横桁上に架かり、橋の主要支間内の軽量鋼鉄製箱桁に連結する。橋床の細長い外観は、横風によって発生する横方向の力を最小限に抑えるように設計されている。

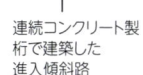

連続コンクリート製桁で建築した進入傾斜路

### A形構造の主塔 (右図)
A-frame tower

橋の全体強度はA形構造の箱型鉄筋コンクリート製パイロンの構造効率に由来し、パイロンは脚部を通って橋床から地面へ荷重を伝える。2本の脚部は頑丈な基部をもたらし、横桁が橋床を支えて横方向の動きを抑止する。ケーブルを2本の脚部の連結地点上にある支柱の垂直部で固定する。

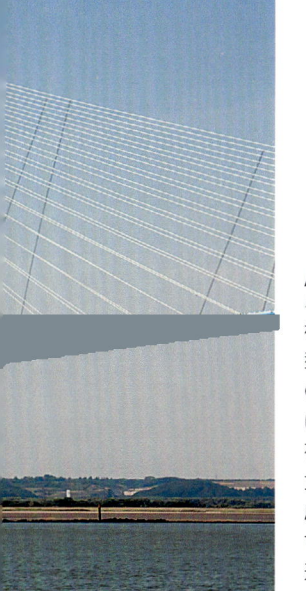

227

# ヴァスゴ・ダ・ガマ橋

**連結橋脚**
Tied piers

ヴァスゴ・ダ・ガマ橋の脚部は横桁の下で基部方向に外側に末広がりになり、上部からの圧縮力を支えている。船舶からの偶発的な衝撃から橋脚を保護するコンクリート製基礎が脚部を基部で連結する。

　ヴァスゴ・ダ・ガマ橋（1998年）の826mの斜張橋部分は、ポルトガルのテージョ川に架かる長さ17kmの橋のほんの一部を形成するにすぎない。斜張橋の主要支間は420mで側支間は203mである。2つのH形パイロンから吊り下げた192本のケーブルが、6車線の高速道路の通る幅30mの鋼鉄製箱桁橋床を3つの支間全域で支えている。橋床上で内側に傾斜する街灯柱は、水上を直接照らして海洋環境を乱さないように特別に設計されている。

## 橋床の支持(左図) Deck support
橋床の下には何の支持体もなく、橋床が主塔を通過する際に、主塔の内側表面上にある道路橋床両端上の2本のケーブルが橋床を支えている。

## H形構造の主塔(右図)
### H-frame towers
高さ155mのH形構造の上側垂直部分にケーブルを固定して、道路橋床の外端部に取り付ける。主塔構造は道路橋床上にある大型でやや中央がくびれた横桁で補強される。頂部や橋床の高さには横桁がなく、つまり橋床が全体に吊り下げられる点に注目したい（しかし橋床は側面を抑止して脚部に固定されているように見える）。主塔脚部の基礎は水位上に見える保護用横桁を形成する。

## 双子ケーブル Twin cables
太さの異なる約184本のケーブルがハープ形の配列で4本の垂直支柱から広がっている。本当のハープ形では、各ケーブルステイは隣のケーブルと平行である。ここでは正確に平行ではないが、ファン形のように1ヵ所の圧縮地点から広がるわけでもない。

# ミヨー高架橋

**橋脚** Piers
ミヨー高架橋の各橋脚は基部での27mから橋床での10mへと先細り形状となり、風景に溶けこんでいる。

　南フランスのタルン川が作り出す広大な峡谷に架かるミヨー高架橋(2004年)は世界最長の斜張橋(2.4km)であり、主塔高度が最高の橋(343m)である。この橋は高さ90mの支柱を支える7本の主塔が形成した8つの支間に分割される。各支柱上の11組のケーブルが、北から南へ3%傾斜する40,000トンの鋼鉄製道路橋床を支えている。

**最長斜張橋床**(上図) Longest cable-stayed deck
等間隔に建つ橋脚は高さ77mから244mまで変化し、342mの6つの中央支間と204mの2つの外側支間を形成する。ケーブルは道路橋床上とパイロン上部にある等間隔のアンカーレッジに取り付けられて放射状に広がる。ケーブルアンカー上にあるパイロン上部には構造上何の意味もない。

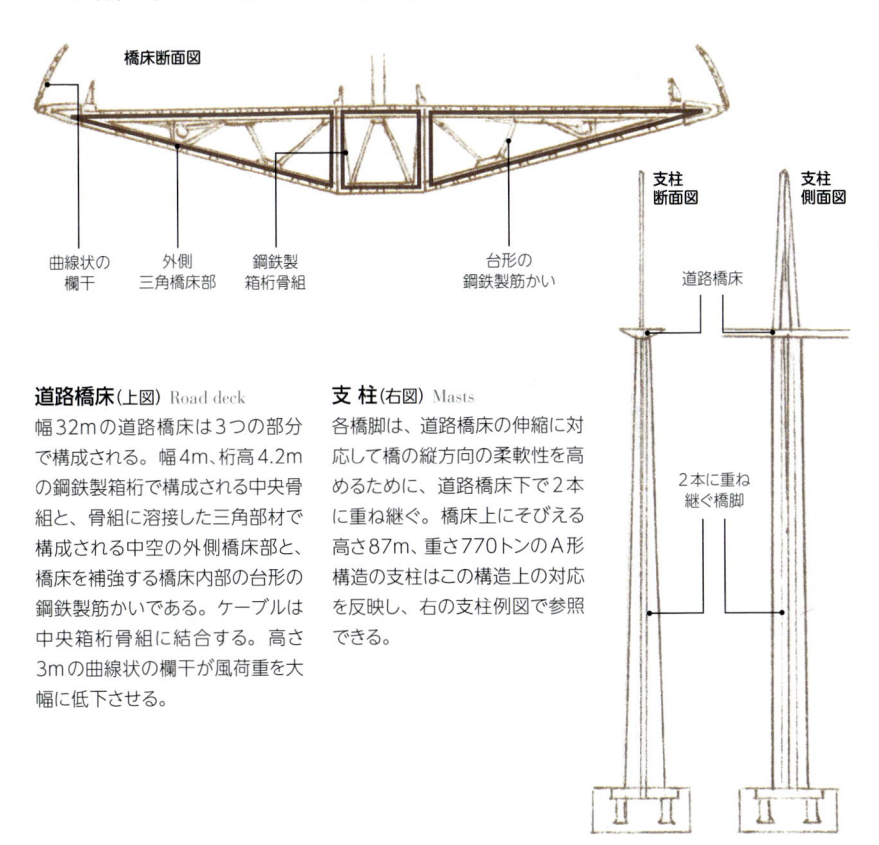

**橋床断面図**

- 曲線状の欄干
- 外側三角橋床部
- 鋼鉄製箱桁骨組
- 台形の鋼鉄製筋かい

**支柱断面図**　**支柱側面図**

- 道路橋床
- 2本に重ね継ぐ橋脚

**道路橋床**(上図) Road deck
幅32mの道路橋床は3つの部分で構成される。幅4m、桁高4.2mの鋼鉄製箱桁で構成される中央骨組と、骨組に溶接した三角部材で構成される中空の外側橋床部と、橋床を補強する橋床内部の台形の鋼鉄製筋かいである。ケーブルは中央箱桁骨組に結合する。高さ3mの曲線状の欄干が風荷重を大幅に低下させる。

**支 柱**(右図) Masts
各橋脚は、道路橋床の伸縮に対応して橋の縦方向の柔軟性を高めるために、道路橋床下で2本に重ね継ぐ。橋床上にそびえる高さ87m、重さ770トンのA形構造の支柱はこの構造上の対応を反映し、右の支柱例図で参照できる。

# ハリラオス・トリクピス（リオン・アンティリオン）橋

**代替設計**
Alternative design
海峡の距離が長いため吊橋が好都合だったが、地理的状況や地震が頻発する状況を考慮すると、リオン・アンティリオン橋の設計方法を、複数支間を有する斜張橋に変更せざるをえなかった。

　全長2,880mのリオン・アンティリオン橋（正式名称はハリラオス・トリクピス橋、2004年）はペロポネソス半島とギリシャ本土を結ぶ。この橋は進入道路、長さ560mの3つの主要支間、長さ286mの2つの側支間で構成される。4本の主塔はそれぞれ、橋床の両側上に23組で構成する二対のケーブルが長さ2,252mの道路橋床を支えている。橋床は、鋼鉄製桁で横に筋かいを施してその間をコンクリート製スラブで補強したI形縦桁の、複合十字筋かい付き鉄骨構造である。

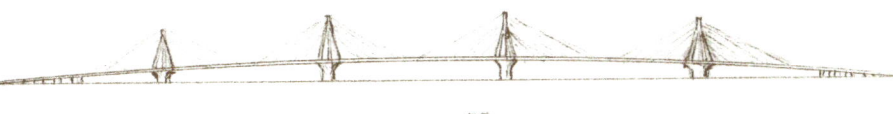

## 高度(上図) Elevation
斜張橋部分は4本の主塔から吊り下げられている。4本の橋脚（橋床の高さにある）から橋床が構造上独立しており、さらに吊り下げ部の各端部に伸縮継目があるため、橋床は約5mまでの縦方向の動きに対応して、気候状況や地震が頻発する状況に柔軟かつ安全に対応できる。

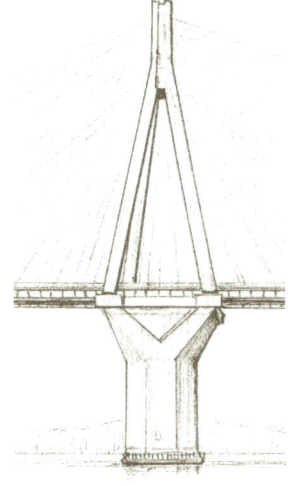

## 基礎(下図) Foundations
適当な基礎の高さに岩盤がなく、高さ65mのパイロンは、土壌に埋設して海底内の摩擦杭上で支えられる直径90mの巨大な放射状の鉄筋コンクリート製基礎上に建つ。

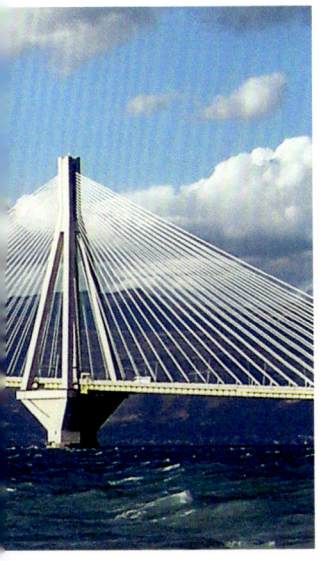

## 正方形の主塔(上図) Square towers
鉄筋コンクリート製の主塔は荷重を橋床から直接効率的に橋脚へ伝えるように設計されている。ケーブルにかかる引張力は支柱に集まり、各主塔の4本の脚部を下りて各橋脚の柱頭の角へと伝わる。4脚形状により地震の際にさらに安定性が高まる。柱頭は圧縮荷重を八角形の橋脚を通って基礎へと伝える。

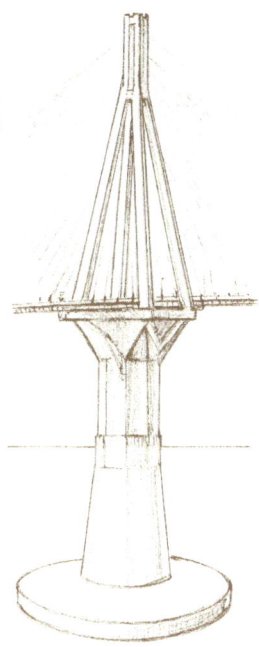

# 蘇通大橋

### 三角パイロン
Triangular pylons

蘇通大橋の逆さY形脚部は、ポストテンション式で強化したつなぎ梁により橋床下で連結され、55,000トンの船舶の衝撃に耐えるように設計されている。横桁がパイロン脚部を連結して外向きの推力に対抗する。

中国の揚子江（長江）に架かる全長8kmの蘇通大橋（2008年）の航行水路は、世界最長の斜張橋が形成する。二対のケーブルステイ（橋床の両側にある）は、高さ299mの1組の印象的なY形パイロンを鋼鉄製箱桁橋床に連結して、1,088mの主要支間を形成する。川の下約270mの深さにある岩盤と、約101mの深さまで耐える多数の摩擦杭が、その上に横たわる土壌内でパイロンと進入路橋脚を支えている。

**橋床断面図**

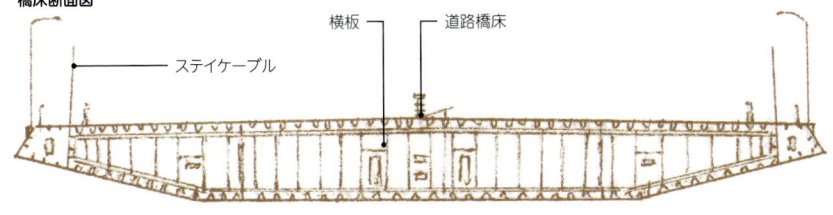

ステイケーブル　横板　道路橋床

### 箱桁橋床 (上図) Box-girder deck

斜張橋床部は、長さ16m、重さ500トンの弓形で製造した幅41m、桁高4mの鋼鉄製箱桁である。各弓形をはしけから持ち上げて溶接した。箱部全体に4mごとに設けた縦の閉鎖型鋼鉄製トラフと横板で橋床を補強し、横板はパイロン付近で設置頻度が増える。

### ケーブルの結合 Cable connection

ケーブルはパイロン上部から放射状に広がり、16m間隔で中央支間と、12m間隔で後方支間と交わる。橋床を区分ごとに建築し、各橋床部を設置する際に各ケーブルを調整した。中央支間にかかる最長ケーブルは長さ577m、重さ65トンである。

### 進入路 Approach

進入道路は横向きのコンクリート製橋脚上に連続桁を形成する中空の単一コンクリート部で構成される。

# 杭州湾海上大橋

**沿岸の脅威**
Coastal exposure
台風による強風、地震、急変する潮流といった杭州湾海上大橋の抱える潜在的な脅威により、橋の設計と建築工法はいずれも複雑を極め、完成まで10年以上の歳月を要した。

中国東部にある全長35kmの杭州湾海上大橋（2008年）の2つの斜張橋部分は、海上輸送で製造した最長の橋（2010年まで）の内部に航行水路を形成する。道路橋床を簡素化した幅37mの斜張部分は長さ15m、桁高3.5mの鋼鉄製箱桁部で構成される。これらの箱桁部をコンクリート製箱桁部で建設した進入道路に連結し、箱桁部は2本1組のコンクリート製橋脚上で支えた連続桁を構成する。

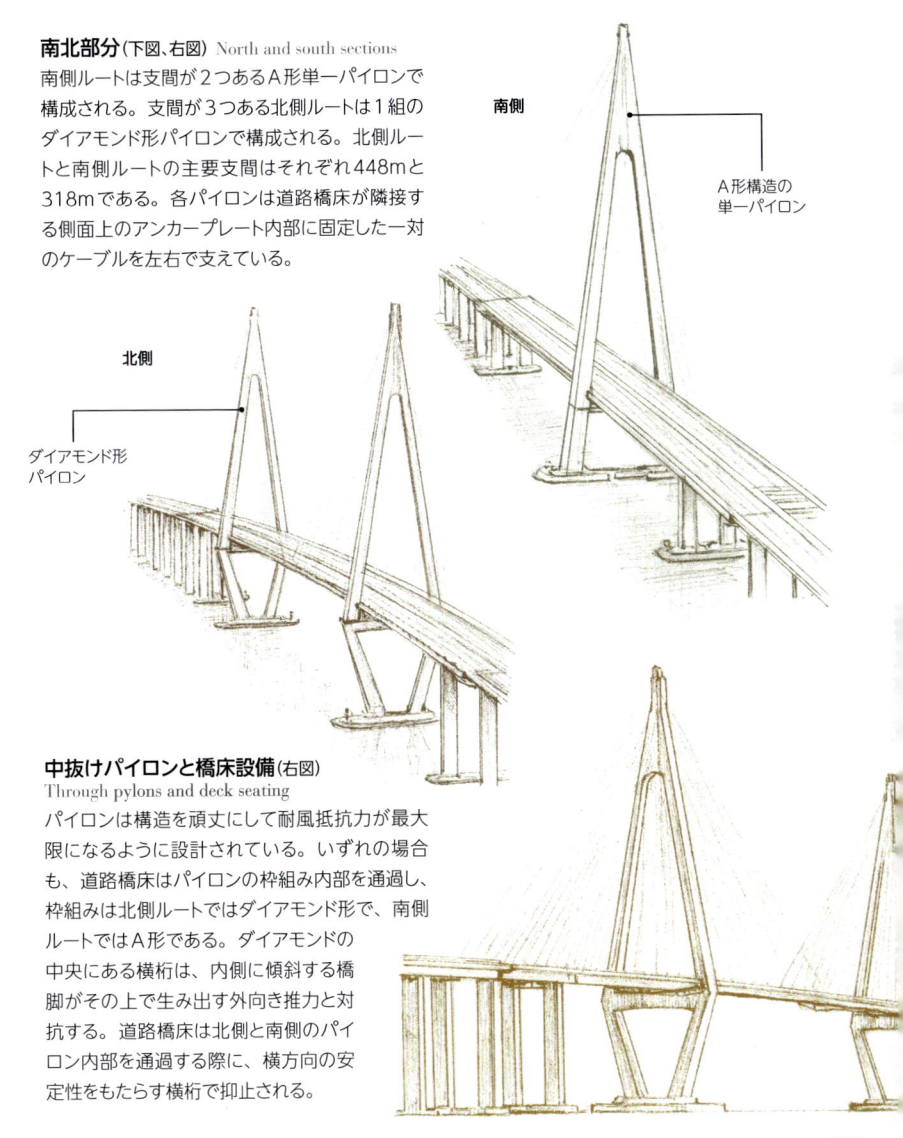

**南北部分**(下図、右図) North and south sections

南側ルートは支間が2つあるA形単一パイロンで構成される。支間が3つある北側ルートは1組のダイアモンド形パイロンで構成される。北側ルートと南側ルートの主要支間はそれぞれ448mと318mである。各パイロンは道路橋床が隣接する側面上のアンカープレート内部に固定した一対のケーブルを左右で支えている。

南側

A形構造の
単一パイロン

北側

ダイアモンド形
パイロン

**中抜けパイロンと橋床設備**(右図)
Through pylons and deck seating

パイロンは構造を頑丈にして耐風抵抗力が最大限になるように設計されている。いずれの場合も、道路橋床はパイロンの枠組み内部を通過し、枠組みは北側ルートではダイアモンド形で、南側ルートではA形である。ダイアモンドの中央にある横桁は、内側に傾斜する橋脚がその上で生み出す外向き推力と対抗する。道路橋床は北側と南側のパイロン内部を通過する際に、横方向の安定性をもたらす横桁で抑止される。

237

# ストーンカッターズ橋（昂船洲大橋）

中国香港の混雑を極めるランブラー海峡に架かるストーンカッターズ橋（2009年）は、世界第2位の長さを誇る斜張支間──長さ1,018mの主要支間を有する全長1,596mの双子パイロンを備えた斜張橋で構成される。高さ298mの2棟の尖塔は、各尖塔の両側から伸びる27組のケーブルで主要橋床を支えている。ケーブルは18m間隔で主要支間に、10m間隔で側支間に固定される。

### 進入路
Approach

幅51m、桁高4mの一対の橋床は両側に車両用道路が3車線ずつあり、各主塔に近づくと分離する。双子橋床を連結する横桁によって強度は保たれている。これらの横桁は中央支間部分の橋床の間に見える。

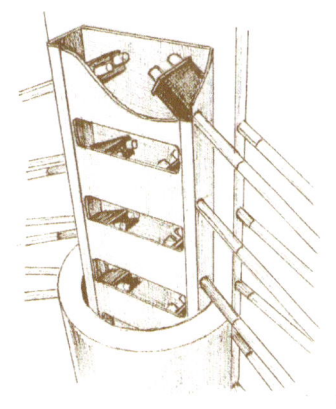

## 尖塔(下図) Needle tower

幅の広い基部から尖った先端部までの尖塔の先細り形状は、パイロンが基礎から片持ち式に突き出す際の構造力を表している。最初の175mは鉄筋コンクリート製で、その上では32個のステンレス製部で形成した外皮がコンクリート・コアを取り巻いている。この複合設計によって主塔とケーブル内の共振により生じる振動が減少する。

## ケーブル結合部(上図)
Cable connections

底部の三組のケーブルは主塔のコンクリート・コア内に直接設置される。他のケーブルはすべて鋼鉄製アンカーボックス内に固定される。各ケーブルの先端では直径1.7cm、長さ約30cmのステンレス製のずれ止めが、コンクリート・コア、鋼鉄製外皮、アンカーボックスの間に荷重を伝える。

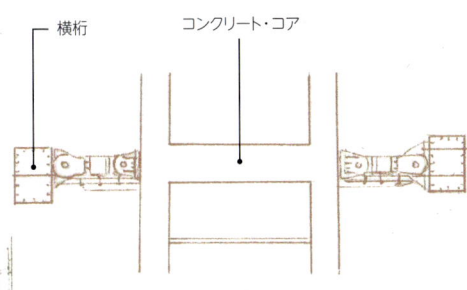

横桁　　コンクリート・コア

**主塔断面図**

## 双子橋床 Twin deck

各側支間の橋床は4本のコンクリート製橋脚上で支えた連続コンクリート製箱桁で構成される。主要支間は死荷重を最小限に抑える軽量の空力的鋼鉄製箱桁で構成される。橋床は横型、縦型のフィンプレートが内部を補強している。双子橋床を連結する横桁が強度を保っている。

# 青島膠州湾大橋

### 可動継目
Movement joints

青島膠州湾大橋の斜張橋部分と進入道路の桁橋部分の構造形態の相違は一目瞭然である。それらは構造部材間で伸縮できるように可動継目で分離されている。

中国東海岸の膠州湾に架かる全長42.4kmの青島膠州湾大橋システム（2011年）の航行水路を3つの異なる橋が形成している——そのうちの1つは吊橋で、2つは斜張橋である。吊橋部分は中央から双子の道路橋床を支えて2つの支間を形成する単一パイロンで構成される。最短の斜張橋部分は2つの隣接するH形のパイロンで構成され、それぞれが双子の道路橋床の一部を支えて、長さが等しい2つの支間を形成する。最長の斜張橋部分は1つの長い主要支間と2つの短い外側支間を形成する二対の隣接するH形パイロンで構成され、外側支間はコンクリート製橋脚でも支えられている。

### 対をなすパイロン(右図)
Paired pylons

双子橋床の幅を横切り4本の垂直のパイロンがそびえ、橋の支間の半分をそれぞれ合計24本のケーブルが支えている。4本の独立した支柱の間にケーブルを架線してハープ形に配列し、ケーブルはわずか1ヵ所のさらに細い先端からファン形に広がらずに平行となっている。またそれにより吊橋部間の橋床支間も伸びている。対をなす各垂直支柱は、基部にある共通の基礎と同様に橋床を支える横桁が道路橋床下で補強している。

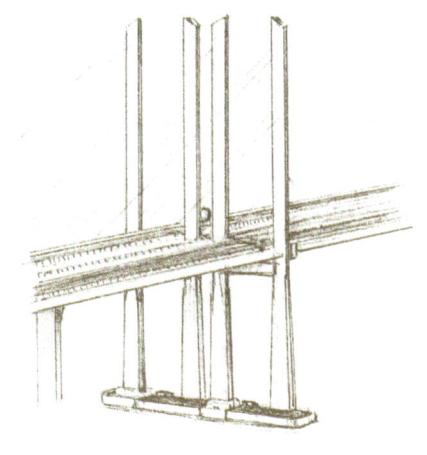

### 双子橋床(左図)
Twin deck

道路を双子橋床に配列して荷重を二分割し、効果的に2本の独立した橋を形成している。これにより斜張橋部分ではパイロンの大きさやケーブルの数と長さを縮減し、荷重をより効果的に基礎内へ分散させる。

### 架橋システム(右図)
Bridge system

青島膠州湾大橋の斜張橋部分によって、湾中央の大型交差部を含む世界最長の水上橋を構成する広大な架橋システム内に航行水路が生まれ、そこでは3つの異なる橋の支線が1ヵ所に集中している。

# APPENDICES
## 付録

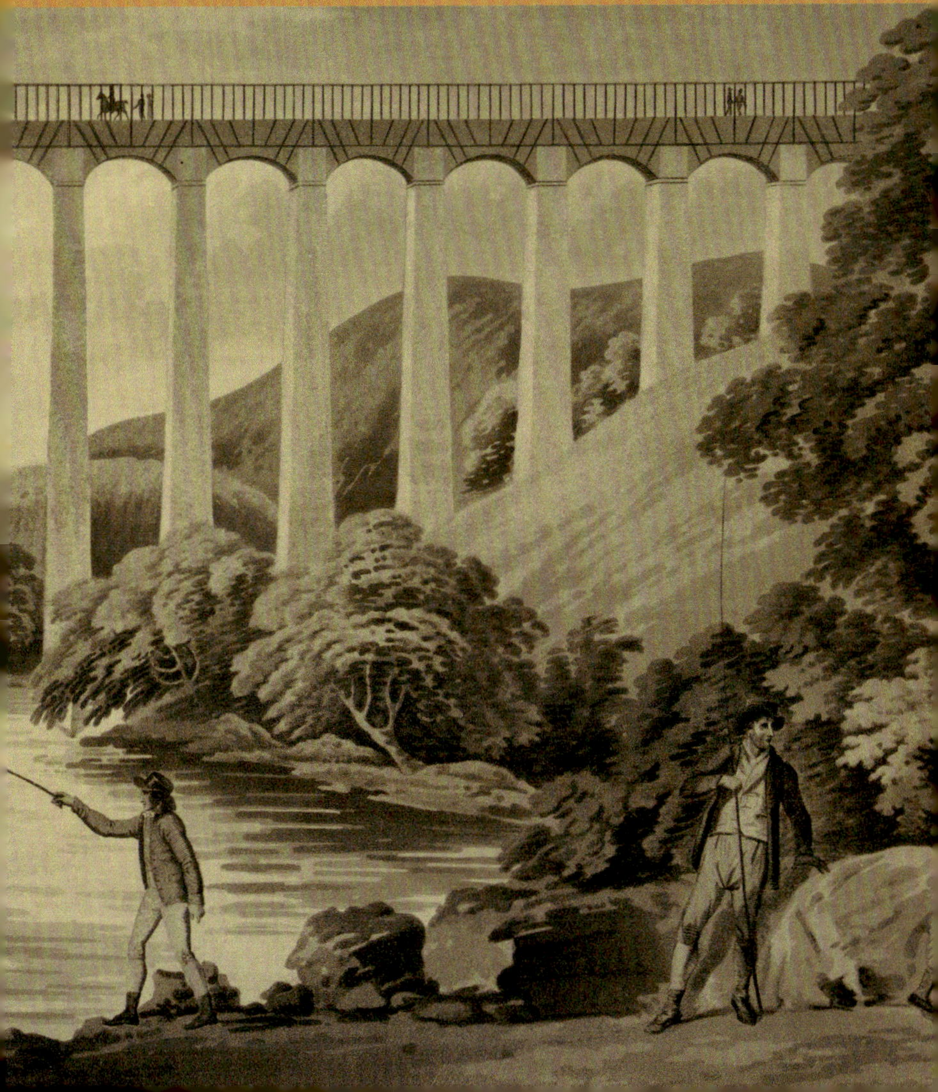

# 用語解説

**A形構造のトラス** 構造物が先端で結合し、中央では横部材で結合する、Aに似た2つの相対する斜材で構成されるトラス。

**COR－TEN（コルテン）鋼** 塗装が不要で持続的なさび様の外観を作り出す、特許権を有する耐候性鋼

**H形構造の主塔** 2本の垂直部材を横桁上の中間の高さで連結してH形を形成することを特徴とする構造形態

**Kトラス** 一対の垂直支持体間にそれぞれ2本の斜材を備えたトラス。斜材はKの字のように1本の垂直部材の中央部分で始まり、隣の垂直部材の上部と下部で終わる。

**アイバー** 両端に穴が開いた頑丈な棒で構成され、鎖の一部を形成する構造部材

**足場** 恒久的な建築物の建築過程で建設する、吊り足場などの一時的な建築物

**圧縮強度** 圧縮力に対抗する材料の性能

**蟻継ぎ** 連結するほぞ継ぎで構成される継ぎ手の一種

**アンカーアーム** アンカーレッジに固定する片持ち梁橋の一部

**アンカーレッジ** 吊りケーブルなどの橋の支持部材を地面に固定する場所

**アーチ形の弓弦トラス** タイドアーチとしても知られ、一直線のアーチ形にかかる横方向の推力が下弦によって生じ、多くは橋床の2倍となる。支持体へ垂直方向と水平方向の力がかかる従来のアーチ形とはちがい、タイドアーチには垂直方向の推力のみがかかる。

**引張力** 張力などの引く力、またはそれに関連する力

**受材** 壁面の向こうへ伸びて上部部材を支える構造部材

**エクストラドーズ/エクストラドーズド** アーチの外側曲線

**大板石橋** 石造橋脚上で支えられた平坦な石板だけを使用する原始的な橋梁建築方法

**押し出し成形** 構成部材（鋼鉄製ワイヤーなど）を一貫した連続部分で形成する手段

**隔壁** 建築物を補強することもできる仕切り

**荷重** 橋にかかる重量。死荷重は、橋本来の自重など、橋が耐えなければならない一定不変の力である。活荷重は環境要因や、橋上で変化する交通量の重さがもたらす予測不能な可変力である。

**片持ち梁** 垂直支持体から一方向に突出する建築物

**片持ち梁アーム** 主要支間の一部を形成する片持ち梁橋の一部

**型枠** 多くは木板製の枠組みで、内部にコンクリートを流しこむ

**要石** アーチ形の頂上にある中央の石

**鎌状のアーチ形** 鎌の形に似たアーチ形で、通常は端部よりも中央部が分厚い

**強化コンクリート** 引張能力を高めるために強化棒材や強化繊維を含むコンクリート

**橋脚** 桁やトラスのような水平部材を支える橋の垂直部材

**橋床** 交通車両が往来する橋の主要表面

**橋台** 荷重を支える橋の両端にある基礎構造物

**杭** 建築物の基礎部分を形成する、地面に埋設した木製またはコンクリート製（多くは断面が円筒形）の長い垂直部分

**クリープ** 自重または負荷される長期間の荷重、または外的要因によって徐々に生じる材料や構造の変化

**桁** 大梁。一般に鉄または鋼鉄で桁を連結するが、コンクリートなどの他の材料でも製造できる。

**懸垂曲線** 両端を支えた吊りケーブルが生み出す自然な曲線

**弦** トラス内の上部と下部の縦材

**原動力** 建築物に加速や振動を誘発する力

**ケーソン** 水中に設置する橋梁基礎建築用の加圧防水気密室

**ケーブルステイ** 支柱または主塔から伸びて橋床を支える多数の独立した高張力ワイヤーの1つ。ケーブルは支柱の頂部から全体としてファン形に放射状に広がるか、または平行に並ぶ。

**高架橋** 一連の（通常はアーチ形の）小型支間で形成する陸上橋の一種

**ゴンドラ** 運搬橋のケーブルで吊り下げた可動部分または客室

245

# 用語解説

**サドル** 吊橋の主塔頂部で吊りケーブルを架線する機械装置。気候状況や機能的要件に応じてケーブルを動かすことが目的である。

**支間** 橋の2つの支持体間または橋脚間の距離

**支柱** たいていは橋から垂直に上へ突き出す重要な構造部材

**締切り** 建築物の建築または修復が行えるように川床上に設置して排水する囲いぜき。「ケーソン」の項も参照。

**伸縮継目** 建築物の2部間で伸縮可能な空間

**進入傾斜路** 道路と主要架橋支間の間を結ぶ橋床の一部

**地震が頻発する** 地震や地殻変動、またはそれに関連するもの

**十字筋かい** 強度と剛性を高める建築物の横向きの筋かい形状

**垂下（サギング）モーメント** 桁の底部に引張力を引き起こす曲げモーメントで、上面が凹状になる。反り（ホギング）の逆。

**垂直** 線や面に対して直角であること

**推力** 建築物上で、または建築物によって働く押力

**筋かい** 建築物に強度や剛性を追加する支持部材

**スパンドレル** 水平の橋床、アーチ形の曲線（エクストラドーズ）、垂直橋台間に設けた、通常は三角形の場所

**スリップフォーム工法** 連続して移動する型枠や形状にコンクリートを注入する建築技術。これは一般的に超高層ビルの中心や斜張橋または吊橋のパイロンのような、強固な部分を備えた高層建築物の建設用技術である。

**スルートラス** 橋床がトラスの間を、多くは下弦上を通るトラス様式の橋

**迫石** アーチ形や丸天井を形成するくさび形の石

**迫頭** アーチ橋などの建築物の最上部

**先端** 橋やその一部の最上部

**せん断力** 桁の縦軸に垂直に作用する力

**反り（ホギング）モーメント** 桁の頂部に引張力を起こす曲げモーメントで、底面が凹状になる。垂下（サギング）の逆。

**タイドアーチ** 「弓弦アーチ」の項を参照

**縦方向** 橋の全長、またはそれに関連するもの

**張力** 「引張力」の項を参照

**継目** 「伸縮継目」の項を参照

**釣り合いおもり** 釣り合う役目を果たすおもり

**吊りケーブル** 吊橋の主要吊りケーブルに道路橋床を取り付ける、通常ハンガーと称するケーブル。

**手すり壁** 橋の外縁に沿って柵を設ける低い壁

**鉄筋コンクリート** 鉄棒や鋼鉄製棒をコンクリート内に鋳造して材料の引張強度を高める強化コンクリートの一形状

**トラス** 従来のトラスは三角形で補強する構造である。各部材は圧縮または引張(または同時ではないがその両方)の影響を受ける。

**ねじれ** ねじれる力

**箱桁** 中空の桁

**跳ね板** 上下する跳開橋の橋床部分

**跳ね橋** 橋床がシーソーのように旋回軸の周囲を回転する可動橋に用いられる平衡機構

**ハンガー** 「吊りケーブル」の項を参照

**ハンチ箱桁** 支持体から中央支間へ円弧を描く下面を備えた箱桁。支持体上の桁高が建設形式や構造的耐力を反映する。

**バックステイ・ケーブル** 支柱または主塔の後方地面に連結する斜張橋上の主要ケーブル

**パイロン** 橋の重要な支持要素の役割を果たす背の高い構造部材

**ピン** 2つの部材の両方の開口部を貫通して連結固定するボルトまたは類似の部品

**フィンプレート** 強度と剛性を高めるために建築物に溶接する金属板

**フィーレンディール・トラス** 三角部分の代わりに(一般的には)四角形で形成するトラスの一種で、そのため純粋な張力、圧力と同じく曲がる際にその構成部材の強度に左右される

**フランジ** 補強用に幅を広げた構造部材の一部

**部材** 建築物の一部または構成要素

**プラットトラス** トラスの各側の斜材が同じ方向を向いて中央で出会うトラスの一種。これらの斜材は単純な支持形状において引張状態で作用する。

# 用語解説

**プレキャスト** 現場外で製造されるコンクリート製部品

**放射状** 車輪のスポークのように共通の中心から広がること

**ボルト収容部** ボルトを挿入する開口部周囲の枠

**ポストテンション式コンクリート** 引張力が起こりやすい建築物の一部に圧縮力を誘発して架橋能力を高める鉄筋コンクリートの一種。この方法にはコンクリートの注入後にケーシングスリーブ内で張力をかけた鋼鉄製ケーブル（緊張材）が必要である。

**ほぞ継ぎ手** 元来は雄部材（ほぞ）を雌部材（ほぞ穴）の対応する穴に挿入して2つの木片を連結固定する、木工細工に由来する単純な連結継ぎ手

**曲げモーメント** 桁にかかって曲げを起こす力の総称。曲げモーメントが断面上で相対する引張力と圧縮力を生む。

**摩擦杭** エンド軸受ではなく周辺地盤との摩擦に有効性が左右される、基礎用の杭

**丸天井造り** 一連のアーチ形や丸天井で形成する屋根付き建築物の一種

**油圧式** 圧力下の水の動きで操作する機械装置

**弓形アーチ** 半円形よりも小さな円弧が形成する浅いアーチ形

**横桁** 建築物の2つの重要な側面を結合する横方向の梁

**横筋かい** 建築物に沿わずに横方向に行う補強方法

**横方向の安定性** 全長に沿わずに、橋の奥行きを通して構造上の安定性をもたらす。「縦方向」の項も参照のこと。

**らせん形** 円筒形のらせんまたはらせん状構造

**欄干** 橋の側面に沿う手すりで、多くは頂部に横棒のある一連の垂直支持体で構成される

**レンズ形トラス** 2本の曲線状の弦で構成されるトラスの一種。全体の輪郭がレンズに似ていることからその名前で呼ばれている

**肋材** 建築物の一部の補強用小型部材

**ワーレントラス** 水平部材と斜材だけで構成されるトラスの一種。従来のワーレン型トラスは垂直部材がなく、交互の斜材が水平部材の間で一連の正三角形を形成する。垂直部材を挿入したワーレントラスは細分型ワーレントラスと呼ばれる。

# 参考資料

**Books**

*Bridge Engineering: A Global Perspective* LEONARDO FERNÀNDEZ TROYANO (Thomas Telford, 2003)

*Bridges: Aesthetics and Design* FRITZ LEONHARDT (Deutsche Verlags-Anstalt GmbH, 1983)

*Bridges: An Easy-read Modern Wonders Book* CASS R. SANDAK (F. Watts, 1983)

*Bridges: The Science and Art of the World's Most Inspiring Structures* DAVID BLOCKLEY (Oxford University Press, 2010)

*Bridges: The Spans of North America* DAVID PLOWDEN (W. W. Norton & Company, 2001)

*Bridges: Three Thousand Years of Defying Nature* DAVID J. BROWN (Firefly Books, 2005)

*Bridges of the World: Their Design and Construction* CHARLES S. WHITNEY (Dover Publications Inc., 2003)

*Bridges of the World* TIM LOCKE (Automobile Association, 2008)

*Bridges That Changed the World* BERNHARD GRAF (Prestel Publishing Ltd, 2005)

*Brunel: The Man who Built the World* STEVEN BRINDEL, DAN CRUICKSHANK (Phoenix, 2006)

*Creation of Bridges: From Vision to Reality – The Ultimate Challenge Of Architecture, Design, and Distance* DAVID BENNETT (Diane Pub Co, 1999)

*Dan Cruickshank's Bridges: Heroic Designs that Changed the World* DAN CRUICKSHANK (Collins, 2010)

*Handbook of International Bridge Engineering and Design* WAI-FAH CHEN, LIAN DUAN (CRC Press, 2011)

*History of the Modern Suspension Bridge: Solving the Dilemma Between Stiffness and Economy* TADAKI KAWADA (American Society of Civil Engineers, 2010)

*Integral Bridges* GEORGE L. ENGLAND, NEIL C. M. TSANG, DAVID I. BUSH (Thomas Telford, 2000)

*Landmarks on the Iron Road: Two Centuries of North American Railroad Engineering* WILLIAM D. MIDDLETON (Indiana University Press, 1999)

*Masterpieces: Bridge Architecture & Design* CHRIS VAN UFFELEN (Braun Publishing AG, 2009)

*Structures: or Why Things Don't Fall Down* J. E. GORDON (DaCapo Press, 2003)

*Superstructures: The World's Greatest Modern Structures* N. PARKYN (Merrell Publishers Ltd, 2004)

*Victorian Engineering* L. T. C. ROLT (The History Press Ltd, 2007)

*What is a Bridge?: The Making of Calatrava's Bridge in Seville* SPIRO N. POLLALIS (MIT Press, 2002)

# 参考資料

**Web sites**

Bridge Hunter
**www.bridgehunter.com**
Web site database of historic or notable bridges in the United States, past and present.

Bridge Pix
**www.bridgepix.com**
Web site that includes an ever-expanding database with more than 13,000 bridge photographs.

Bridge Pros
**www.bridgepros.com**
Web site dedicated to the engineering, history and construction of bridges.

Bridges
**www.brantacan.co.uk/bridges.htm**
Basic web site that examines the simple and complex structures of bridges providing accurate and informative details. Text-based with illustrations.

Engineering Timelines
**www.engineering-timelines.com/timelines.asp**
Web site dedicated to celebrating the lives and works of the engineers who have shaped the British Isles.

Highest Bridges
**highestbridges.com**
Web site detailing in-depth knowledge of 500 of the world's highest bridges. Includes plans, photographs and illustrations.

Historic Bridges
**www.historicbridges.org**
Web site of photo-documented information on all types of historic bridges in the United States, parts of Canada and the UK.

Nicholas Janburg's Structurae
**en.structurae.de**
Web site offering information on works of structural engineering, architecture and construction through history and from around the world.

Swiss Timber Bridges
**www.swiss-timber-bridges.ch**
Web site dedicated to detailing all the wooden bridges of Switzerland, the site currently contains 1389 bridges documented by 19,683 images and documents.

U.S. Department of Transportation: Bridge Technology
**www.fhwa.dot.gov/bridge**
Government web site containing updated details on bridge technology and bridge studies.

# Picture Credits

**Alamy**/F1Online Digitale Bildagentur GmbH: 72; Guenter Fischer/Imagebroker: 66; Roy Garner: 38; Justin Kase zfivez: 166; Mike Kipling Photography: 162; MIXA: 152; Mpworks Architecture: 32; Steve Speller: 172; Trinity Mirror/Mirrorpix: 78.
**The Angus Council**: 185B.
**Architecture Vivante**: 127BL.
**Lene Bladbjerg/www.lenebladbjerg.com**: 192.
**Mario Burger**: 30.
**Corbis**/A Stock: 116; Dean Conger: 98; Philip James Corwin: 148; Kevin Fleming: 106; David Frazier: 104; Paul Harris/JAI: 92; Hola Images: 36; Yan Runbo/Xinhua Press: 240; STRINGER/ITALY/Reuters: 154.
**Théo Demarle**: 174.
**Edward Denison**: 188.
**Dover Publications**: 203T.
**Flickr**/ANR2008: 234; Little Savage: 88; Marmoulak: 24; Sansar: 118; Showbizsuperstar: 150.
**Fotolia**: 56, 80, 186; A4stockphotos: 160; Achim Baqué: 18; Lance Bellers: 26; Cemanoliso: 112; Norman Chan: 194; Chungking: 41B; Philip Date: 94, 130; Volodymyr Kyrylyuk: 208; Thomas Launois: 16, 20; Liping Dong: 14; Eishier: 58; Stephen Finn: 102, 164; Louise McGilviray: 34, 180; Ana Menéndez: 68; Robert Neumann: 76; Pepo: 70; Philipus: 110; Quayside: 212; Henryk Sadura: 132; Sailorr: 120; SVLuma: 202; TheStockCube: 2; Hanspeter Valer: 86; Willmetts: 198.
**Bernard Gagnon**: 42B.
**Getty Images**/China Photos: 236; ChinaFotoPress: 136; Coolbiere Photograph: 238; Fox Photos/Stringer/Hulton Archive: 100.
**Gu Gyobok/Seoul Metropolitan Government**: 74.
**iStockphoto**/David Bukach: 4CL.
**JJ Harrison**: 50B.
**Etienne Henry**: 126.
**David Hermeyer/Sam Wantman**: 138, 146.
**Ivan Hissey**: 29TL.
**Stephen James, Ramboll UK**: 176, 177.
**Graeme Kerr**: 52.
**Library and Archives, Canada**: 183T, 183C.

**Library of Congress, Washington, D.C**: 8, 21T, 27TR, 43R, 46B, 49R, 49TL, 53, 55TL, 55B, 57, 59, 61T, 79BR, 84, 85T, 85C, 200, 203, 205TR, 205B, 211, 242, 256.
**Michael Lindley**: 158.
**Laurie Lopes**: 124.
**Brian McCallum, Castlegait Gallery, Montrose, Scotland**: 184.
**Matt McGrath**: 44.
**F H Mira**: 228.
**Salvador Garcia Moreno**: 108.
**MT-FOTOS**: 224.
**Coral Mula**: 207T, 207R.
**National Library of Australia**: 131.
**Rich Niewiroski Jr**: 206.
**Chris Pesotski**: 190.
**Guillaume Piolle**: 222, 232.
**Kim Rötzel**: 218.
**Eric Sakowski/HighestBridges.com**: 133, 220, 221C.
**Shutterstock**/1000 Words: 122; Antonio Abrignani: 77TL; Eric Gevaert: 168; Iofoto: 210; iPhoto digital events: 170; Stephen Meese: 48; Morphart: 85B, 244; Andre Nantel: 178; Niar: 60; Parkisland: 62; PHB.cz (Richard Semik): 90, 230; Elder Vieira Salles: 96; Samot: 83B; Tim Saxon: 29; Jenny Solomon: 54; T.W. van Urk: 226; Darren Turner: 156.
**SKM Anthony Hunt Associates/Heatherwick Studio**: 173T, 173BL.
**Martin St-Amant**: 182.
**State Library of Queensland**: 187TL.
**SuperStock/Hemis.fr**: 144.
**Claire Tanaka**: 22.
**Wikipedia**/Bencherlite: 196; Minghong: 214; NJR ZA: 134; Olegivvit: 64; Rama: 128; Sebleouf: 142; Sendelbach: 216; Sorens: 204; Zhao 1974: 114.
**John Wilson**: 140.

# 索引

## あ

アイアンブリッジ、
　イングランド 27
アイルランド 89
明石海峡大橋、日本
　12, 194, 218-219
アクア・クラウディア、
　ローマ 73
悪魔の橋、スペイン 118-119
足場 59, 62, 127
アストリア-メグラー橋、
　ワシントン 148-149
アダム、ロバート 122, 123
圧縮 31, 44, 60, 173
アフガニスタン 25
アマン、オスマー 204
アラミヨ橋、スペイン 88
蟻継ぎ 17, 114, 115, 141
アルカンタラ橋、スペイン
　112-113
アルバート橋、イングランド 65
安平橋、中国 98-99
アーウェル川、イングランド 158
アースキン橋、スコットランド 65
アーチ橋 34, 40-43, 110-137
　アーチ形の種類 42
　オープン・スパンドレル
　　114, 115, 135
　要石 40
　下路アーチ
　　42, 110-111
　凱旋門 113, 119
　基礎 9
　橋台 40, 41, 110, 111, 131, 171
　鋼鉄 29, 42
　コンクリート 31, 87
　3ピンアーチ 129
　上路アーチ 9, 42, 43, 87, 110
　スパンドレル 43
　迫石 40
　迫高（ライズ）スパン比
　　120, 121, 127, 154
　尖頭アーチ 118, 119
　タイドアーチ 9, 65
　中空箱構造 127, 135
　中路アーチ 41, 42, 111, 131
　天然の石造アーチ 19
　トラスアーチ 89, 137, 154-155
　木造 21
　弓形アーチ 114, 116, 117, 120
アーチズ国立公園、ユタ 19
アールデコ 207
生月橋、日本 152-153
石 16, 18-19, 38
イタリア 12, 71, 73, 77, 89, 120-121, 122, 154-155
一時的な橋 49, 78
祖谷渓谷、日本 22, 23
イラン 24
イングランド 25, 27, 28, 29, 32, 33, 43, 47, 50, 52, 65, 70, 71, 73, 76, 81, 82-83, 122-125, 157, 158-163, 170-173, 176-177, 188-189, 198-199, 212-213
引張強度 18, 56
引張力 31, 37, 111, 169, 216, 233
インド 144-145
イーズ橋、セントルイス 43
ウェールズ 27, 43, 45, 100-101, 140-141, 196-197
ウォンズワース橋、
　イングランド 52
ウォーンクリフ高架橋、
　イングランド 82
浮き橋 23, 78, 79
ウッド、ジョン 123
ウッド、ラルフ 76
運搬橋 51, 162-163
エア＆コールダー水路、
　イングランド 73
英国 イングランド、スコット
　ランド、ウェールズを参照
栄定河、中国 116
エイヴォン川、イングランド
　122, 198
H形構造のパイロン／主塔
　220-221, 228-229, 240-241
エッフェル、ギュスターヴ
　77, 90-91
エラスムス橋、ロッテルダム
　168-169
エルサレム・コード橋、
　イスラエル 88
エルロン川、フランス 126
A形構造の支柱 231
A形構造のトラス 141
A形構造のパイロン／主塔
　11, 224-227, 237
エーレスンド橋、デンマーク
　とスウェーデン 60
大板石橋 19
オハイオ川 200
オランダ 168-169
折畳み橋（巻き上げ橋）
　51, 172-173
オークランド・ベイブリッジ、
　サンフランシスコ湾 54, 55
オーストラリア 130-131, 186-187
オープン・スパンドレル
　114, 115, 135

## か

回転式跳ね橋 48
片持ち梁橋 9, 30, 34, 52-55, 89, 93, 135, 163, 178-193
　弦 180, 185
　トラス 55, 144, 150, 173
可動橋 48-51, 156-177
カナダ 53, 67, 85, 179, 182-183, 208-209
要石 40
カフナン橋、ウェールズ
　140-141
カラトラバ、サンティアゴ
　88-89, 154
環境影響 207, 210, 212
韓国 74
凱旋橋 19
凱旋門 113, 119
ガッディ、タッデオ 120
ガラス 16, 32-33, 155
ガラビ高架橋、フランス
　77, 90
ガンター橋、スイス 66
基礎 133, 137, 143, 155
　埋設 9
キュザック・レ・ポン、
　フランス 91
橋台 40, 41, 110, 111, 131, 141, 155, 171
キルヴァンカル、ニュー
　ジャージー 29
キングストン-ラインクリフ
　橋、ニューヨーク 139, 146-147
錦帯橋、日本 21
ギュスターヴ・フローベール
　橋、フランス 174-175
ギリシャ 166-167, 223, 232-233
クラムリン高架橋、
　ウェールズ 45
クリフトン吊橋、イングランド
　83, 198-199
クリフトン・ハンプデン橋、
　イングランド 25
グランドキャニオン 33
グランドユニオン運河、
　イングランド 32, 172
グレンフィナン高架橋、
　スコットランド 76
グレート・ウェスタン鉄道、
　イングランド 82, 124
グレート橋、ズレニャニン、
　セビリア 91
グレートベルト橋、デンマー
　ク 216-217
軍橋 49, 78-79
傾斜橋 50, 170-171
桁高スパン比 36, 96
桁橋 9, 36-39, 96-109
　桁高スパン比 36, 96
　石桁 19, 38, 98-99
　単純桁 37, 97
　筒桁 100-101

連続桁 9, 11, 37, 66, 83, 97, 108-109, 226
ケベック橋、カナダ 179, 182-183
懸垂曲線 56
ケンタッキー＆インディアナターミナル橋 46
ゲルシュタール高架橋、ドイツ 25
弦 136, 138, 180, 185
ゲーツヘッド・ミレニアム橋、イングランド 50, 157, 170-171
ケーソン 84, 93, 145
　締切りも参照
Kトラス 145, 150, 151, 152, 183
ケーブル 56, 57, 58, 59
降開橋 51, 166-167
高架橋 25, 45, 76-77, 82, 90, 142-143, 230-231
　鉄道橋も参照
格子形(ラティス)トラス 47, 103, 142, 161
杭州湾海上大橋、中国 236-237
鋼鉄 16, 17, 28-29, 58, 78, 93, 169, 181, 205
コルテン 132
コモドア・バリー橋、ペンシルヴェニア 190-191
コリントス運河橋、ギリシャ 166-167
コルテン鋼 132
コロラド川 44
コンクリート 16, 17, 30-31, 76, 86, 185
　鉄筋/強化 30, 87, 104, 107, 127, 135
　プレキャスト 107
　プレストレスト 30, 31, 36, 39, 75, 104
　プレハブ工法 30, 104
　ポストテンション式 31, 234
ゴシック建築 25, 119
ゴールデンイヤーズ橋、カナダ 67

ゴールデンゲート・ブリッジ、サンフランシスコ湾 206-207
コージー・アーチ橋、イングランド 76
コールブルックデール、イングランド 26

## さ
サウス・イースタン鉄道会社 83
サウスエスク川、スコットランド 184
先細り型橋脚 149
サクラメント川、カリフォルニア 89
サミュエル・ベケット橋、アイルランド 89
産業革命 26, 72, 73, 76
サンダイアル橋、カリフォルニア 89
サンフランシスコ湾 206-207
材木 木材を参照
座屈力 9
ザルギナートーベル橋、スイス 86, 128-129
下路アーチ橋 42, 110-111
四渡河大橋、中国 220-221
シドニー・ハーバーブリッジ、オーストラリア 130-131
締切り 146
　ケーソンも参照
斜張橋 11, 35, 60-63, 75, 126, 222-241
　ハイブリッド橋 65, 66
　ハープ形 61
　ファン形 61
シュタウファッハー橋、スイス 87
シュバントバッハ橋、スイス 86, 87
昇開橋 50, 174-175
シンシナティ・コヴィントン橋 85 ジョンA・ロープリング吊橋も参照
伸縮継目 103, 105

ジャムス橋、韓国 74
重慶、中国 136
上路アーチ橋 9, 42, 43, 87, 110
ジョン・A・ロープリング吊橋 85, 200-201
ジョージ・ワシントン橋 204-205
ジョージ・ワトキン 141
スィナン 18
スィー・オ・セ・ポル橋、イラン 24
垂下(サギング)モーメント 97, 153
スイス 66, 67, 86, 87, 128-129
水道橋 27, 68, 72-73, 85, 158-159
スウェーデン 60
スカルンスンド橋、ノルウェー 224-225
スクルキル川、ペンシルヴェニア 21
スコット卿、ジョージ・ギルバート 25
スコットランド 11, 13, 35, 56, 65, 76, 92-93, 102-103, 180-181, 184-185
スタリ・モスト、ボスニア・ヘルツェゴヴィナ 18
スタンリー・フェリー水道橋、イングランド 73
スティーブンソン、ロバート 65, 100
ストーリー橋、オーストラリア 186-187
ストーンカッターズ橋、中国 238-239
ズレニャニン、セルビア 91
スパンドレル 43
　オープン 114, 115, 135
スペイン 88, 112-113, 118-119
スニーベルグ橋、スイス 67
石灰モルタル 17
セヴァーン川、イングランド 27
迫石 40

迫高スパン比率 120, 121, 127, 154
セルビア 91
旋回橋 51, 158-159
戦場にかける橋 77
セーヌ川、フランス 174
装飾 27, 114, 117
蘇通大橋、中国 234-235
空飛ぶ軒 20
反り(ホギング)モーメント 97, 153

## た
タイ 77
タイドアーチ橋 9, 65
タイン川、イングランド 28, 157, 170
タイン橋、イングランド 28
竹 16, 23
タコマナローズ橋 59
タフ川、ウェールズ 140
タマル川、イングランド 83
タルン川、フランス 230
タワーブリッジ、イングランド 160-161
単純支持桁橋 37, 97
丹陽‐昆山特大橋、中国 39
大聖堂橋、イングランド 176-177
ダ・ポンテ、アントニオ 71
ダーウェント川、イングランド 176
チェサピーク・ベイ・ブリッジ、ヴァージニア 106-107
チャレンジ・オブ・マテリアルズ・ギャラリー、イングランド 33
中空箱構造 127, 135
中国 17, 19, 20, 21, 23, 24, 26, 38, 39, 41, 62, 67, 98-99, 114-117, 136-137, 214-215, 220-221, 234-235, 236-241
中路アーチ橋 41, 42, 111, 131
跳開橋(開動橋) 49, 156-157, 160-161, 164-165

253

# 索引

長江、中国 136, 234
趙州橋、中国 114-115
朝天門長江大橋、中国 136-137
青島膠州湾大橋、中国 67, 240-241
青馬大橋、中国 214-215
継手（継目） 9, 52, 103, 133, 144, 185
蟻継ぎ 17, 114, 115, 141
可動継目 189
伸縮継目 103, 105
ベアリング 177
ほぞ継ぎ 141
筒桁 100-101
吊橋 12, 13, 34, 56-59, 84-85, 160-161, 194-221
有機材料 22, 23
つる植物 16, 22, 23, 56
汀九（ティンカウ）橋、中国 62
ティーズ川、イングランド 162
テイ橋、崩壊、スコットランド 93, 102
テイ鉄道橋、スコットランド 102-103
程陽風雨橋、中国 17, 20
テグス川（テージョ川、タホ川）
　スペイン 112
　ポルトガル 228
鉄筋（強化）コンクリート 30, 87, 104, 107, 127, 135
鉄 16, 26-27, 58, 73, 82, 83, 91
鉄道橋 76-77, 82, 140
テムズ川、イングランド 70, 83, 160, 188
テルフォード、トマス 27
デューサーブル橋、シカゴ 164-165
デラウェア川、ペンシルヴェニア 190
デラウェア水道橋、ニューヨーク 85
デルガルダ高架橋、イタリア 77

デンマーク 60, 192-193, 216-217
トラス橋 44-47, 91, 138-155
　アーチ形 89, 137, 154-155
　片持ち梁トラス 55, 144, 150, 173
　可動橋 46
　弦 136, 138, 180, 185
　Kトラス 145, 150, 151, 152, 183
　鋼鉄 29
　筋かいの方向 9
　多種多様なトラス 46
　ハウトラス 159
　フィーレンディール・トラス 155, 207, 209, 213
　プラットトラス 45, 131, 150, 151, 165, 187
　ベイリー橋 78, 79
　木製 21, 45
　弓弦トラス 103
　らくだの背トラス 149, 183
　ラティストラス 47, 103, 142, 161
　レンズ形トラス 47, 81, 83
　連続トラス 45, 142, 148, 149, 152, 153
　ワーレントラス 133, 147, 151, 191, 205, 211, 219, 221
トラニオン式 165
トルイエール川、フランス 77
トルイエール渓谷、フランス 90
ドイツ 25, 31, 72
ドン・ルイスI世橋、ポルトガル 64, 90, 91

## な
ナイアガラ川／滝、米国とカナダ 53, 85
日本 12, 21, 22, 23, 75, 150-153, 194-195, 218-219

二枚跳ね板の跳開橋 49
ニューマーズ川、オランダ 168
ニューリバーゴージ橋、ウェスト・ヴァージニア 132-133
根 16, 23
熱膨張 207, 210
ノルウェイ 224-225
ノルマンディー橋、フランス 226-227

## は
ハイブリッド橋 35, 64-67, 106-107, 160-161
ハイルッディン、ミマール 18
ハイレベル橋、イングランド 65
ハウトラス 159
ハウラ橋、インド 144-145
箱桁 36, 57, 65, 189, 192-193, 227, 231, 234, 235, 239
パッラーディオ、アンドレーア 45, 122
パルトニー橋、イングランド 122-123
ハドソン川 139, 146, 204, 210
跳ね橋 48, 49, 50, 104, 105, 160-161, 169
　回転式 48
　ダブルデッキ 164-165
　トラニオン 165
　二枚の跳ね板 49
ハリラオス・トゥリクピス（リオン・アンティリオン）橋、ギリシャ 223, 232-233
ハンガー 56
ハンガーフォード橋、イングランド 83, 199
ハンバー橋、イングランド 212-213
バウチ卿、トマス 93
バンジージャンプ 69, 134
バンポ大橋、ソウル 74
バートンクリーク橋、テキサス 61

バートン旋回水道橋、イングランド 9, 158-159, 165
ハープ形斜張橋 61
ピクシビー・クリーク橋、米国 69, 75
ピュソー・シュル・クルーズ高架橋、フランス 142-143
ビルマ 77
ファウラー、ジョン 92, 93
ファン形斜張橋 61
フィーレンディール・トラス 155, 207, 209, 213
フォース鉄道橋、スコットランド 13, 28, 35, 92-93, 180-181
フォース道路橋、スコットランド 13, 35, 56
第3のフォース橋 11, 13
フランス 48, 71, 73, 77, 90-91, 111, 126-127, 142-143, 174-175, 226-227, 230-231
フレシネー、ウジェヌ 126
ヴァイレ・フィヨルド橋、デンマーク 192-193
ヴァスコ・ダ・ガマ橋、ポルトガル 228-229
ヴィクトリー橋、ニュージャージー 30
ヴィルデ・ゲーラ渓谷、ドイツ 31
ヴェッキオ橋、イタリア 120-121
ヴェネズエラ 75
ヴェラザノ・ナローズ・ブリッジ 210-211
ブラジル 36, 97
ブリスベーン川、オーストラリア 186
ブリタニア橋、ウェールズ 100-101
ブリッジウォーター運河、イングランド 158
ブリニントン鉄道橋、イングランド 29

ブルックリン橋、
　ニューヨーク 28, 58,
　59, 84, 202-203
ブルネル、イザムバード・
　キングダム 47, 81,
　82-83, 124, 125, 198,
　199
ブロークランズ橋、
　南アフリカ 134-135
プール、ピエール 77
プラットトラス 45, 131,
　150, 151, 165, 187
プラット、
　トーマス&ケイレブ 45
プリチャード、トーマス・
　ファーノルズ 27
ブルガステル橋、フランス
　126-127
プレキャスト・コンクリート
　107
プレストレストコンクリート
　(PC) 30, 31, 36,
　39, 75, 104
プレハブ工法 30, 104
ベイカー、ベンジャミン
　92-93
米国(アメリカ合衆国) 19,
　21, 28, 29, 30, 33,
　42, 43, 44, 46, 53,
　54, 55, 58, 59, 61,
　69, 75, 84, 85, 89,
　104-107, 132-133,
　139, 146-149, 164-
　165, 190-191, 200-
　207, 210-211
ベイブリッジ、
　サンフランシスコ湾
　オークランドベイブリッジ
　を参照
ベイヨン橋、
　ニュージャージー 29
ベイリー橋 78, 79
ベジェイ川、セビリア 91
ペガサス橋、フランス 48
ホイットビー&バード 71
歩行者専用道路橋 20,
　32, 70-71, 83, 89
ポストテンション式
　コンクリート 31, 234
ポルトガル 64, 90, 91,
　228-229

ポンティプリーズ橋、
　ウェールズ 43
ポン・デュ・ガール、
　フランス 73, 111
ポントカサルテ水道橋、
　ウェールズ 27
ほぞ継ぎ 141
ポンチャントレイン湖高速
　道路橋、ルイジアナ
　104-105
歩道橋 歩行者専用道路
　橋を参照
ボスニア・ヘルツェゴヴィナ
　18
ボールバッハ橋、スイス 87

## ま
マイダンヘッド鉄道橋、
　イングランド 124-125
マイヤール、ロベール
　86-87, 128
巻き上げ橋 49, 172-173
マクアルパイン卿、ロバート
　76
マクデブルク水路橋、ドイツ
　72
曲げモーメント 129, 219
マリア・ピア橋、ポルトガル
　91
マルコ・ポーロ橋
　盧溝橋を参照
万安橋、中国 21
マンチェスター船舶用運河、
　イングランド 158, 159
マーチャント橋、イングランド
　71
マーラーン橋、
　アフガニスタン 25
ミシガン・アヴェニュー・
　ブリッジ、シカゴ
　164-165
ミドルズブラ運搬橋、
　イングランド 162-163
港大橋、日本
　145, 150-151
南アフリカ 134-135
ミヨー高架橋、フランス
　12, 230-231
ミレニアム歩道橋、
　イングランド 70

ムッソリーニ、ベニート
　121
メキシコ 108-109
メッシーナ海峡、イタリア
　12
メトラク橋、メキシコ
　108-109
メナイ海峡吊橋、ウェールズ
　196-197
　ブリタニア橋も参照
メンテナンス 9
木材 16, 17, 20-21, 45
モット、ヘイ&アンダーソン
　28
モニエ、ジョゼフ 30
モントローズ橋、
　スコットランド 184-185

## や
有機材料 16, 22-23, 56
弓弦桁 65
弓弦トラス 103
弓形アーチ 114, 116,
　117, 120

## ら
ライオンズゲート・ブリッジ、
　カナダ 208-209
らくだの背トラス 149,
　183
洛陽橋、中国 38, 39
ラニョン、E.E. 61
ラファエル・ウルダネタ橋、
　ヴェネズエラ 75
欄干 99
ランブラー海峡、中国 238
リアル橋、イタリア 71,
　122
リオ・ニテロイ橋
　(コスタ・イ・シルヴァ橋)、
　ブラジル 36, 97
リョブレガート川、スペイン
　118
廬浦大橋、中国 41
ルーズベルト湖、アリゾナ
　42
レオポール・セダール・
　サンゴール橋、フランス
　71

煉瓦 16, 24-25, 82, 83,
　124
レンズ形トラス 47, 81, 83
連続桁 9, 11, 37, 66,
　83, 97, 108-109, 226
連続トラス 45, 142, 148,
　149, 152, 153
ロイヤル・アルバート橋、
　イングランド 47, 81,
　82, 83
盧溝橋、中国 116-117
六甲アイランドブリッジ、
　日本 75
ロンドン・サイエンス・
　ミュージアム 33
ロンドン橋、イングランド
　188-189
ローブリング、エミリー・
　ウォレン 84
ローブリング、ジョン・A
　58, 84-85, 200
ローブリング、ワシントン
　84
ローマ人 12, 19, 24, 72,
　73, 112-113, 118,
　119, 120
ローマ広場歩道橋、
　ヴェニス 89, 154-155
ローリング・ブリッジ、
　イングランド 172-173

## わ
ワーレントラス 133, 147,
　151, 191, 205, 211,
　219, 221

255

**ガイアブックスは地球の自然環境を守ると同時に
心と体内の自然を保つべく"ナチュラルライフ"を提唱していきます。**

Copyright © 2012 Ivy Press Limited

All rights reserved. No part of this publication may be reproduced, stored in a retrieval system, or transmitted in any form or by any means, electronic, mechanical, photocopying,
recording, or otherwise, without the prior consent of the publishers.

A CIP catalogue record for this book is available from the British Library

Colour origination by Ivy Press Reprographics
Printed in China

This book was conceived, designed and produced by
**Ivy Press**
210 High Street
Lewes, East Sussex
BN7 2NS, UK
www.ivy-group.co.uk

CREATIVE DIRECTOR  Peter Bridgewater
PUBLISHER  Jason Hook
EDITORIAL DIRECTOR  Caroline Earle
ART DIRECTOR  Michael Whitehead
DESIGN  JC Lanaway
ILLUSTRATOR  Adam Hook
PROJECT EDITOR  Jamie Pumfrey
PICTURE MANAGER  Katie Greenwood

HOW TO READ BRIDGES
# 橋の形を読み解く

| 発　　　行 | 2012年10月1日 |
|---|---|
| 発 行 者 | 平野　陽三 |
| 発 行 元 | **ガイアブックス** |
|  | 〒169-0074 |
|  | 東京都新宿区北新宿3-14-8 |
|  | TEL.03(3366)1411 |
|  | FAX.03(3366)3503 |
|  | http://www.gaiajapan.co.jp |
| 発 売 元 | 産調出版株式会社 |

Copyright SUNCHOH SHUPPAN INC. JAPAN2012
ISBN978-4-88282-846-4 C0052
Printed in China

落丁本・乱丁本はお取り替えいたします。
本書を許可なく複製することは、かたくお断わりします。

著者：
**エドワード・デニソン**
(Edward Denison)
独立コンサルタント、執筆者、建築写真家。持続可能性と建築環境を重視して活躍する。設計・建築関連書籍に多数寄稿し、ユニバーシティ・カレッジ・ロンドンで建築史の博士号を取得。

**イアン・スチュアート**
(Ian Stewart)
ロンドンの建築工学設計事務所、デーヴィス・マグワイア・ホィットビーの技術者。これまでの主なプロジェクトに、ロンドン中心部のBBC本社ブロードキャスティング・ハウスとテート・モダンⅡギャラリーがある。また、シエラ・レオーネに図書館や文学センターを支援する目的で設立された産業関連慈善団体CODEPにも参加している。グラスゴーのストラスクライド大学で構造力学の博士号を取得。

翻訳者：
**桑平　幸子**（くわひら　さちこ）
京都女子大学短期大学部文科英語専攻科卒業。訳書に『木工技能シリーズ5―正確な接ぎ手技能』『テキスタイルパターンの謎を知る』（いずれも産調出版）など。